十四个集中连片特困区
中药材精准扶贫技术丛书

大兴安岭南麓山区
中药材生产加工适宜技术

总主编　黄璐琦
主　编　马俊莹

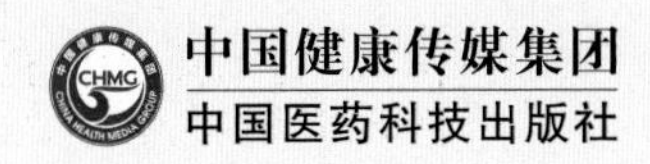

内容提要

本书为《十四个集中连片特困区中药材精准扶贫技术丛书》之一。本书分总论和各论两部分：总论介绍了大兴安岭南麓山区的自然环境、中药资源现状等内容；各论选取大兴安岭南麓山区优势和常种的14个中药材种植品种，每个品种重点阐述植物特征、资源分布概况、生长习性、栽培技术、采收加工、质量标准、仓储运输、药材规格等级及药用（食用）价值等内容。

本书可供中药材管理部门、农技推广人员、种植户和从事中药材生产加工及其他中药相关领域研究的工作者参考阅读使用。

图书在版编目（CIP）数据

大兴安岭南麓山区中药材生产加工适宜技术 / 马俊莹主编．— 北京：中国医药科技出版社，2021.11

（十四个集中连片特困区中药材精准扶贫技术丛书 / 黄璐琦总主编）

ISBN 978-7-5214-2492-8

Ⅰ．①大…　Ⅱ．①马…　Ⅲ．①药用植物—栽培技术 ②中药加工　Ⅳ．①S567 ② R282.4

中国版本图书馆 CIP 数据核字（2021）第 100106 号

审图号：GS（2021）2515 号

美术编辑　陈君杞

版式设计　锋尚设计

出版　中国健康传媒集团 | 中国医药科技出版社

地址　北京市海淀区文慧园北路甲 22 号

邮编　100082

电话　发行：010-62227427　邮购：010-62236938

网址　www.cmstp.com

规格　710 × 1000mm　1/16

印张　11 1/8

彩插　1

字数　206 千字

版次　2021 年 11 月第 1 版

印次　2021 年 11 月第 1 次印刷

印刷　北京盛通印刷股份有限公司

经销　全国各地新华书店

书号　ISBN 978-7-5214-2492-8

定价　58.00 元

获取新书信息、投稿、为图书纠错，请扫码联系我们。

编 委 会

总主编　黄璐琦

主　编　马俊莹

副主编　马　伟　孙辑凯

编　者（以姓氏笔画为序）

马　伟　（黑龙江中医药大学）

马俊莹　（齐齐哈尔市药品检验中心）

刘秀波　（黑龙江中医药大学）

孙辑凯　（齐齐哈尔医学院）

李　颖　（中国中医科学院中药资源中心）

李晓琳　（中国中医科学院中药资源中心）

张宏莲　（齐齐哈尔医学院）

程　蒙　（中国中医科学院中药资源中心）

序

“消除贫困、改善民生、实现共同富裕，是社会主义制度的本质要求。”改革开放以来，我国大力推进扶贫开发，特别是随着《国家八七扶贫攻坚计划（1994—2000年）》和《中国农村扶贫开发纲要（2001—2010年）》的实施，扶贫事业取得了巨大成就。2013年11月，习近平总书记到湖南湘西考察时首次作出“实事求是、因地制宜、分类指导、精准扶贫”的重要指示，并强调发展产业是实现脱贫的根本之策，要把培育产业作为稳定脱贫攻坚的根本出路。

全国十四个集中连片特困地区基本覆盖了我国绝大部分贫困地区和深度贫困群体，一般的经济增长无法有效带动这些地区的发展，常规的扶贫手段难以奏效，扶贫开发工作任务异常艰巨。中药材广植于我国贫困地区，中药材种植是我国农村贫困人口收入的重要来源之一。国家中医药管理局开展的中药材产业扶贫情况基线调查显示，国家级贫困县和十四个集中连片特困区涉及的县中有63%以上地区具有发展中药材产业的基础，因地制宜指导和规划中药材生产实践，有助于这些地区增收脱贫的实现。

为落实《中药材产业扶贫行动计划（2017—2020年）》，通过发展大宗、道地药材种植、生产，带动农业转型升级，建立相对完善的中药材产业精准扶贫新模式。我和我的团队以第四次全国中药资源普查试点工作为抓手，对十四个集中连片特困区的中药材栽培、县域有发展潜力的野生中药材、民间传统特色习用中药材等的现状开展深入调研，摸清各区中药材产业扶贫行动的条件和家底。同时从药用资源分布、栽培技术、特色适宜技术、药材质量等方面系统收集、整理了适宜贫困地区种植的中药材品种百余种，并以《中国农村扶贫开发纲要（2011—2020年）》明确指出的六盘山区、秦巴山区、武陵山区、乌蒙山区、滇桂黔石漠化区、滇西边境山区、大兴安岭南麓山区、燕山-太行山区、吕梁山区、大别山区、罗霄山区等连片特困地区和已明确实施特殊政策的西藏、四省藏区（除西藏自治区以外的四川、青海、甘肃和云南四省藏族与其他民族共同聚住的民族自治地方）、新疆南疆三地州十四个集中连片特困区为单位整理成册，形成《十四个集中连片特困区中药材精准扶贫技术丛书》（以下简称《丛书》）。《丛书》有幸被列为2019年度国家出版基金资助项目。

《丛书》按地区分册，共14本，每本书的内容分为总论和各论两个部分，总论系统介绍各片区的自然环境、中药资源现状、中药材种植品种的筛选、相关法律政策等内容。各论介绍各个中药材品种的生产加工适宜技术。这些品种的适宜技术来源于基层，经过实践验证、简单实用，有助于经济欠发达的偏远地区和生态脆弱地区开展精准扶贫和巩固脱贫攻坚成果。书稿完成后，我们又邀请农学专家、具有中药材栽培实践经验的专家组成审稿专家组，对书中涉及的中药材病虫害防治方法、农药化肥使用方法等内容进行审定。

“更喜岷山千里雪，三军过后尽开颜。”希望本书的出版对十四个集中连片特困区的农户在种植中药材的实践中有一些切实的参考价值，对我国巩固脱贫攻坚成果，推进乡村振兴贡献一份力量。

黄璐琦

2021年6月

前　言

大兴安岭南麓山区包括黑龙江省、吉林省、内蒙古自治区19个市（县、旗），山区总面积14.5万平方公里，以低山丘陵和平原为主。

大兴安岭南麓山区凭借其天然的生态优势，生长着许多优质的道地药材，如防风、北苍术、黄芩、黄芪、五味子、刺五加等，中药材生产已经成为山区主导产业之一。但面对着巨大的市场需求以及大兴安岭南麓山区乡村振兴的实际需要，中药材单靠野生资源供给是远远不够的，只有依靠科学种植才能解决这一根本问题。

本书作为《十四个集中连片特困区中药材精准扶贫技术丛书》分册之一，根据《丛书》编写要求和中药材规范化种植的指导思想及北方药用植物的种植特点，较为全面地介绍了药用植物栽培的基本理论知识。尤其针对中药材种植生产环节，更灵活地运用知识不断创新，在栽培技术及理论上突出药用植物栽培的特点；对存在生长周期长、种子发芽时间长、病虫害严重等问题的中药材品种，系统地介绍相关药用植物生长发育的规律及生物学特征，把最新的研究成果与生产实践结合起来，指出生产中的关键环节，注重提高中药材产量和质量。

本书遴选我国北方赤芍、苍术、防风等14种重点中药材，从植物特征、资源分布概况、生长习性、栽培技术、采收加工、仓储运输、药材规格等级、药（食）用价值等方面进行详细介绍，并辅以图片。可供片区内广大中药材种植者及其他地区相关人员参考。希望有助于巩固脱贫攻坚成果和推进乡村振兴。

由于各地种植差异较大，书中若存在不足及疏漏之处，敬请广大读者提出宝贵意见，以便再版时完善提高。

编　者

2021年9月

目 录

总 论

一、概论……2
二、大兴安岭南麓山区基本情况……2
三、大兴安岭南麓山区中药产业扶贫对策……4
四、中药材扶贫的共性要求……6
五、中药材相关政策法律法规……12

各 论

黄芪……18
刺五加……29
桔梗……36
白鲜皮……50
板蓝根……59
防风……70
黄芩……81
龙胆……94
白芍……110
赤芍……122
柴胡……132
水飞蓟……139
苍术……147
金莲花……157

总论

一、概论

大兴安岭南麓山区地处大兴安岭中段和松嫩平原西北部，是全国十四个集中连片特困区之一，涉及黑龙江省、吉林省、内蒙古自治区共19个县（旗、市），集革命老区、少数民族地区和贫困地区于一体，是跨省交界面大、北方少数民族聚集多、贫困人口分布广的连片特困区。

大兴安岭南麓山区自古以来就是中药材传统产区，一直是区内各省（自治区）药材重点产地，如内蒙古中东部地区是“蒙药”重要药材产区，山海关以北或东三省是“关药”重要药材产区。因此，在现有的中药资源的基础上，推动中药材种植，有利于缩小地区发展差距，有利于保障嫩江流域生态安全，有利于促进生态文明建设和可持续发展，实现国家总体战略布局。

二、大兴安岭南麓山区基本情况

大兴安岭南麓山区包括黑龙江省、吉林省、内蒙古自治区交界地区的19个县（旗、市），其中，黑龙江省11个县，吉林省3个县（市），内蒙古自治区5个县（旗、市）。境内有满族、蒙古族、朝鲜族、鄂温克族、回族和俄罗斯族6个世居少数民族；其中，有达斡尔族、锡伯族、柯尔克孜族3个人口较少民族。

（一）自然环境

大兴安岭南麓山区地处大兴安岭中段和松嫩平原西北部，铅矿、锌矿、铝矿、石油等资源有一定储量。

1. 气候环境

大兴安岭南麓山区气候类型为温带大陆性季风气候，大于等于10℃年积温2300～3461℃，无霜期101～190天，冬季严寒漫长，年均降水量275～532毫米。

2. 土质背景

大兴安岭南麓山区地形地貌以山地和丘陵为主。地形由西北向东南倾斜，海拔逐渐降低，地貌形态的不同形成了不同群落的植被，孕育了不同类型的土壤。土壤类型以黑土、栗钙土、草甸土、森林土、暗棕壤等高肥力土壤组成，有机质含量高，平均在3%～5%，部分地块达8%，土质肥沃。适耕性土壤绝大部分属于壤土，pH适中，适宜种植农作物、中草药等。

由于山高坡大，耕地土质退化现象普遍；耕地少，土壤含水量较低，难以开展机械化农业生产，仍以传统人工种植为主，较有利于发展中药材、农作物等旱地农业。

土壤按质地可分为砂土、黏土和壤土：土壤颗粒中直径为0.01～0.03毫米之间的颗粒占50%～90%的土壤称为砂土，砂土通气透水性良好，耕作阻力小，土温变化快，保水保肥能力差，易发生干旱。适于砂土种植的药用植物有赤芍、北苍术、防风等。含直径小于0.01毫米的颗粒在80%以上的土壤称为黏土，黏土通气透水能力差，土壤结构致密，耕作阻力大，但保水保肥能力强，供肥慢，肥效持久、稳定。适宜在黏土中栽种的药用植物不多，如甘草、麻黄、北沙参等。壤土的性质介于砂土与黏土之间，是最优良的土质。壤土土质疏松，容易耕作，透水良好，又有相当强的保水保肥能力，适宜种植多种药用植物，特别是根及根茎类的中药材更宜在壤土中栽培，如当归、玄参、漏芦等。

（二）中药资源现状

1. 中药资源特点

据不完全统计，大兴安岭南麓山区药用植物600余种，药材种植面积1.2万公顷，药材年产量近3.6万吨，年产值达7.5亿元。年产达千吨的药材有：黄芪、苍术、赤芍等，野生药材主要有防风、兴安杜鹃、赤芍、白鲜皮、北苍术等。按省（自治区）划分的来看，各地中药资源现状如下。

（1）大兴安岭南麓——黑龙江省　有中药资源90多种，道地药材有防风、白鲜皮、苍术、黄芪、桔梗、黄芩等，并且远销各国。

（2）大兴安岭南麓——吉林省　有中药资源100多种，道地药材有刺五加、五味子、人参、红景天、蒲公英、龙胆等，并且远销各国。

（3）大兴安岭南麓——内蒙古自治区　有中药资源90多种，在国内外享有一定声誉的道地药材有苍术、赤芍、柴胡、地榆、草乌等。

2. 中药加工及流通情况

由于大兴安岭南麓山区的自然禀赋，丰富的中药资源，故各大药厂纷纷设药材生产基地。

山区的中药材有较长的生产历史，山区出口的药材有：黄芪、苍术、玉竹、甘草等，加工提取物出口的药材有：赤芍、苍术、防风等。

三、大兴安岭南麓山区中药产业扶贫对策

根据大兴安岭南麓山区贫困特点，认为大兴安岭南麓山区“亲贫式”增长的产业选择关键在于有效利用山区内与特色农业、旅游产业相关的优势资源，并促进第一产业中特色农业与第三产业中旅游产业的有机结合。而中药材产业属于本区域的特色农业产业，又属于健康产业，有利于形成“康养、文化、旅游”的紧密融合。《大兴安岭南麓片区区域发展与扶贫攻坚规划（2011—2020年）》“特色产业”提出：“大力发展中药材种植，建设一批符合中药材生产质量管理规范（GAP）的生产基地”。

中药产业扶贫，应以提质增效为导向，促进“生产+加工+流通+科技”要素集聚，加快一、二、三产业的深度融合，构建“社会资本+龙头企业+合作社+家庭农场+农户”的产业复合体，推动中药产业扶贫形成全链条、全要素、一体化运用，使中药材产业扶贫具有精准、长效、可持续发展。

1. 因地制宜、适度发展中药材

大兴安岭南麓山区各县（旗、市）的海拔、土壤、中药种植基础等条件不同，因而中药材扶贫应结合现在的种植基础，以提高中药材品质，增加农民效益为前提，坚持因地制宜、统筹规划、合理布局的原则，规划中药材种植品种和面积。宜药则药，切勿盲目追风或引种。

大兴安岭山地黄芪、赤芍、防风、满山红区：包括大兴安岭及其边缘地区，涉及大兴安岭地区、内蒙古呼伦贝尔的部分地区共10个县（旗、市）。本区中药资源中野生资源占绝大多数，赤芍、黄芪、龙胆、升麻、黄芩、桔梗等为主要品种。境内野生中药资源蕴藏量大，但人口较少，资源开发利用率较低。

小兴安岭、长白山山地人参、黄柏、五味子、细辛、鹿茸、蛤蟆油区：本区包括小兴安岭、长白山地及松花江下游的三江平原。涉及黑龙江、吉林、辽宁三省东部，共76个县（市），本区是中国重要的林区之一，长白山有“世界生物资源金库”之称，野生植物约1600余种，是中国北方重要的药材产区。

本区药用植物约有1600多种，其中人参、五味子、细辛、黄柏、刺五加、马兜铃、平

贝母、黄芩、升麻、桔梗为本区主要地道药材。满山红、党参、知母、地榆、槲寄生、白鲜皮、玉竹、黄精、威灵仙、草乌、白薇、白蔹、淫羊藿、牛蒡子、荆芥等为本区主要大宗药材。

2. 坚持开发与生态保护并重

大兴安岭南麓山区土地退化明显，自然灾害频发。人均耕地面积较多，但积温不足，无霜期短，降雨量偏少，土地生产力不高。土地沙化面积达20 383.7平方公里，占区域总面积的14.1%。耕地盐碱化面积达86.1万公顷，占耕地总面积的19.1%。平原地区黑土层变薄，面源污染加重，耕地质量下降。低山丘陵地区水土流失比较严重，土壤沙化退化。自然灾害严重，旱灾、风灾突出，雪灾、冰雹、霜冻、洪涝和沙尘暴等频发。

提倡中药材生态种植，减少农药、化肥的投入，增施有机肥，合理轮作，减少病虫害发生。开展半野生抚育技术研究，使药材生长回归“原生态”，真正体现种植药材以疗效为目的。在优势药材产区，应建立原产地药材的自然保护区，将种质资源保护与中药文化、旅游养生结合起来，使生态资源转化为经济资源。

3. 创建传统销售与“互联网+”结合多种销售模式

一是强化龙头企业带动作用，以龙头企业自建药材基地，或建立“龙头企业+合作社+农户”等多种模式，形成“中药材产业扶贫示范基地”“定制药园”，发展订单农业，推动中药材标准化种植，形成产业精准扶贫新格局。二是培育一批经营主体。支持具有一定规模的药材销售企业或大户，开展多种形成的合作与联合，形成多种利益联结机制，让农户共享发展收益。三是以“互联网+”拓展中药材销售。目前，随着互联网迅猛发展，催生一批互联网药企或农产品企业，促进中药材销售新模式发展，如数字本草、中药材天地网、康美医药城、九州通网、农推网等。中药材种植大户、专业合作社或农户均可通过互联网提供便利，促进中药材的销售。鼓励贫困地区建立中药材产地电子交易中心，拓展中药材电商营销渠道。

4. 加大中药材产品加工和开发

制定道地和优质中药材产地初加工规范，统一质量控制标准，改进加工工艺，提高中药材产地初加工水平，避免粗制滥造导致中药材有效成分流失、质量下降。严禁滥用硫黄熏蒸等方法，二氧化硫等物质残留必须符合国家规定。严厉打击产地初加工过程中掺杂使假、染色增重、污染霉变、非法提取等违法违规行为。

针对山区的中药资源，开展中药大健康产品的开发，以产品带动当地中药价值的提升。特别是药食两用类中药，充分挖掘食用价值，大力开发药食两用的产品，如蒲公英可开发成蒲公英茶、蒲公英饮片、蒲公英饮料等。加大对中药副产物的综合利用，减少资源的浪费，提高中药资源的附加值。

5. 完善中药材产业技术服务体系

构建种植、养殖、加工、研发、销售服务一体化的综合服务体系。发挥中药原料质量监测信息和技术服务中心等服务机构作用，建立中药材服务精准到户机制，组织相关专家开展技术培训、实地指导中药材技术。在中药材主产区建设一批中药材种植信息监测站，构建贫困地区中药材种植溯源体系。为中药材产业精准扶贫提供技术支撑。

四、中药材扶贫的共性要求

《大兴安岭南麓片区区域发展与扶贫攻坚规划（2011—2020年）》提出“大力发展中药材种植”。由于该区域有着良好自然禀赋、种植基础，各乡（镇、村）发展中药材的热情高涨，但中药材种植有着自身的发展规律和科学基础，以下围绕中药材种植品种选择、中药材常见病虫害防治方法等共性问题作了简述，为中药材产业扶贫提供参考。

（一）中药材种植的品种选择

俗语说：中草药少了是宝，多了是草。在中药材种植方面，品种选择尤为重要，是直接决定中药材种植成败的关键。在实际生产，凡因跟风种植中药材，失败者不胜枚举。

1. 选择道地或优势药材品种

中药是在中医理论指导下，用于预防、治疗、诊断疾病并具有康复与保健作用的物质，未经加工或未制成成品的中药原料，被称为中药材。道地中药材是指经过中医临床长期应用优选出来的，产在特定地域，与其他地区所产同种中药材相比，品质和疗效更好，且质量稳定，具有较高知名度的中药材。在一定程度上，道地中药材就是质优的代名字。

优势药材，即优势药材产区，指有一定种植或引种历史、形成一定规模，质量稳定，相对其他地区有较高知名度。

各地发展中药材，首选本地区种植的道地药材或优势药材。一是这些药材经过长期种植，质量稳定；二是具有较高品牌效应；三是形成了良好销售渠道。本区域道地药材和优势药材有：黄芪、防风、柴胡、赤芍等。各地可根据不同药材生长条件的要求，选择性种植。切勿盲目引种，或者跟风种植。

2. 选择种植技术成熟品种

中药材种植对药材质量、产量有着密切关系，每一种植物的特性不同，种植技术也有差异。选择种植技术成熟的中药材品种，从种子繁育、施肥管理、病虫害防治、产地加工等过程形成一套技术规范，可减少种植风险，保证药材质量。相反，种植技术不成熟的品种，需要反复实践验证，存在繁育率不高、产量质量不稳定、病虫害的影响大等缺点。如果要种植新品种或技术不成熟的品种，一定要依靠相关专家的指导，防范发生种植技术不成熟的风险。

3. 优先选择多种用途药材

优先选择具有多种用途的药材。一是选择药食两用的药材品种，如黄芪、百合、党参等，既可作药材，也可作食材，扩大销售范围。同时，药食两用品种，也方便开发健康食品，提高药材的附加值。二是选择具有观赏价值的品种，与乡村旅游和康养旅游结合起来，形成产业融合。如芍药、白鲜等。三是选择综合利用率高的品种，如黄芪根入药，茎和花又能作茶饮，可最大提高药材的使用价值。

（二）中药材种植化肥、农药使用要求

中药材种植过程中，施用化肥、农药对中药材质量和安全有着密切的关系。《中华人民共和国中医药法》第二十二条中规定：“严格管理农药、肥料等农业投入品的使用，禁止在中药材种植过程中使用剧毒、高毒农药，支持中药材良种繁育，提高中药材质量”。原国家食品药品监督管理总局先后下发了《关于进一步加强中药材管理的通知》（食药监〔2013〕208号）和《关于进一步加强中药饮片生产经营监管的通知》（食药监药化监〔2015〕31号）中指出：“严禁使用高毒、剧毒农药，严禁滥用农药、抗生素、化肥，特别是动物激素类物质、植物生长调节剂和除草剂。加快技术、信息和供应保障服务体系建设，完善中药材质量控制标准以及农药、重金属等有害物质限量控制标准；加强检验检测，防止不合格的中药材流入市场”。由以上可见，滥用化肥和农药有可能触犯法律、法规。因而，在中药材种植过程中，掌握好肥料和农药的施用种类、施用量以及施用时期极为重要。

1. 种植中药材施肥须注意的原则

以有机肥（或有机菌肥）为主，适当搭配化肥为辅；以施基肥为主，配合追肥和种肥适期追肥和补施肥；根据植物生长需求规律，合理施肥。

有机肥，指以有机物质作为肥料的均称为有机肥料。包括人粪尿、厩肥、堆肥、绿肥、饼肥、沼气肥等。有机质达30%以上，氮、磷、钾总养分含量在5%以上。施用有机肥料能改善土壤理化特性，有效地协调土壤中的水、肥、气、热，提高土壤肥力和土地生产力，是绿色食品生产的主要养分。

生物菌肥是在有机肥料中加入有益微生物菌群，通过有益菌在植物根系周围的大量繁殖形成优势种群，抑制其他有害菌的生命活动；分解了植物生长过程中根系排放的有害物质；促进了土壤中有机物质的降解和无机元素释放；改善了土壤的团粒结构，调节了土壤保肥、供肥、保水、供水以及透气性功能。生物菌肥的施用，能显著提高作物的产量和品质，同时达到有机生产的目的，符合安全性要求较高的中药材生产的需要，但价格较高。

2. 中药材病虫草害防治使用农药应遵循的原则

（1）严格禁止使用剧毒、高毒、高残留或有致癌、致畸、致突变的农药　禁止销售和使用的剧毒、高毒、高残留农药品种（共65种）：六六六、滴滴涕、毒杀芬、二溴氯丙烷、杀虫脒、二溴乙烷、除草醚、艾氏剂、狄氏剂、汞制剂、砷类、铅类、敌枯双、氟乙酰胺、甘氟、毒鼠强、氟乙酸钠、毒鼠硅、甲胺磷、对硫磷、甲基对硫磷、久效磷、磷胺、苯线磷、地虫硫磷、甲基硫环磷、磷化钙、磷化镁、福美胂、福美甲胂、胺苯磺隆单剂、甲磺隆单剂、百草枯（水剂）、磷化锌、硫线磷、蝇毒磷、治螟磷、特丁硫磷、氯磺隆、胺苯磺隆复配制剂，甲磺隆复配制剂、甲拌磷、甲基异柳磷、内吸磷、克百威（呋喃丹）、涕灭威（神农丹）、灭线磷、硫环磷、氯唑磷、水胺硫磷、灭多威、硫丹、溴甲烷、杀扑磷、氯化苦、氧乐果、三氯杀螨醇、氰戊菊酯、丁酰肼、氟虫腈、丁硫克百威、乙酰甲胺磷、乐果、毒死蜱、三唑磷及其复配剂。

（2）推广使用对人、畜无毒害，对环境无污染，对产品无残留的植物源农药、微生物农药及仿生合成农药。

提倡使用的生物源农药和一些矿物源农药。生物农药具有选择性强、对人畜安全、低残留、高效、诱发害虫患病、作用时间长等特点。

微生物源农药：农用抗生物，如井冈霉素、春雷霉素、农抗120、阿维菌素、华光霉素；活体微生物杀虫剂，如白僵菌、枯草芽孢杆菌、哈茨木霉、VA菌根等。植物源农药：

杀虫剂，如除虫菊素、鱼藤酮、苦参碱；杀菌剂，如大蒜素、苦参碱等；驱避剂，如苦楝素、川楝素等。动物源农药：昆虫信息素、微孢子原虫杀虫剂、线虫杀虫剂等。矿物源农药：硫制剂，如石硫合剂；铜制剂，如波尔多液；钙制剂，如生石灰、石灰水等。

（3）杀菌剂提倡交替用药，每种药剂喷施2～3次后，应改用另一种药剂，以免病毒菌产生抗药性。

（4）按中药材种植常用农药安全间隔期喷药，施药期间不能采挖商品药材，比如50%多菌灵安全间隔期15天，70%甲基托布津安全间隔期10天，故百虫安全间隔期7天。

（5）严禁使用化学除草剂防除中药材种植区的杂草，以免造成药害和污染环境。

（三）中药材常见病虫害防治方法

受气候、环境及人工种植因素的影响，中药材病虫害的发生率不断增加，对药材产量和质量影响极大。特别是连作引起的病虫害最为严重，因连作发生病虫害导致轻则减产，重则颗粒无收。现将大兴安岭南麓山区中药材常见的病虫害症状及防治方法简介如下，供中药材生产者参考。

1. 立枯病

为多数药材种苗期最常见的病症。最初是幼苗基部出现褐斑，进而扩展成绕茎病斑，病斑处失水干缩，致使幼苗成片枯死。

防治方法　降低土壤湿度，及时拔除病株，并用多菌灵等处理土壤，喷药预防其他健株感染。

2. 斑枯病

可分几类：①鸡冠花叶斑病（又称褐斑病）。侵染叶片、叶柄和茎部。叶上病斑圆形，后扩大呈不规则状大病斑，并产生轮纹，病斑由红褐色变为黑褐色，中央灰褐色。茎和叶柄上病斑褐色、长条形。②鱼尾葵叶斑病（亦称黑斑病）。叶片上产生黑褐色小圆斑，后扩大或病斑连片呈不规则大斑块，边缘略微隆起，叶两面散生小黑点。③君子兰叶斑病（枯斑病）。叶上有椭圆形、长条形浅红褐色病斑，周围有退绿圈，后扩大呈不规则大斑块，病斑上产生黑点。

防治方法　加强肥水管理，促使苗木和林木生长健壮，提高抗病力。发病时使用10%苯醚甲环唑（世高）1200倍液、25%咪鲜胺（使百克）1200倍液，对玄参斑枯病有显著效果。

3. 白绢病

植物受害后根部皮层腐烂，导致全株枯死。在潮湿条件下，受害根茎表面产生白色菌索，并延至附近的土壤中，后期病根茎表面或土壤内形成油菜籽似的圆形菌核。受害的中药材有苍术、芍药、桔梗等中药材植物。

白绢病菌为一种根部习居菌，只能在病株残体上生活。病菌以菌核在病株残体上越冬。次年春季土壤湿度适宜时菌核萌发产生新的菌丝体，侵入植物根茎部位危害。病株菌丝可以沿土壤间隙向周围邻近植株延伸。菌核借苗木或者流水传播，高温、高湿和积水有利于发病。6～9月为发病期，7～8月为发病盛期。

防治方法 碳酸钾对白绢病菌核的萌发有抑制作用，而硝酸钾、氯化钾、硫酸钾、磷酸二氢钾和过磷酸钙对白绢病菌核的萌发有着不同程度的促进作用。施用草木灰和充分腐熟的有机肥，适当追施硫酸铵、尿素、硝酸钙等含氮肥料，提高土壤中氮含量，可抑制白绢病菌核的萌发。采用生防菌防治，如哈茨木霉、绿色木霉、康宁木霉等多种木霉菌及粘帚霉、荧光假单胞菌、枯草芽孢杆菌、放线菌、菌根菌等。施用化学药剂防治，如40%氟硅唑1000倍液、99%噁霉灵3000倍液和70%代森锰锌防治。

4. 根腐病

发病初期，仅仅是个别支根和须根感病，并逐渐向主根扩展，主根感病后，早期植株不表现症状，后随着根部腐烂程度的加剧，吸收水分和养分的功能逐渐减弱，地上部分因养分供不应求，在中午前后光照强、蒸发量大时，植株上部叶片才出现萎蔫，但夜间又能恢复。病情严重时，萎蔫状况夜间也不能再恢复。此时，根皮变褐，并与髓部分离，最后全株死亡。此病由真菌半知菌亚门腐皮镰孢霉菌侵染引起。病菌在土壤中和病残体上过冬，一般多在5～6月进入发病盛期，其发生与气候条件关系很大。苗床低温、高湿和光照不足，是引发此病的主要环境条件。育苗地土壤黏性大、易板结、通气不良致使根系生长发育受阻，也易发病。另外，根部受到地下害虫、线虫的危害后，伤口多，有利病菌的侵入。

防治方法 选地。选择地势高、排水良好的地块。苗床用25%多菌灵粉剂500倍液消毒；种子在播种前用清水漂洗，以去掉不饱满和成熟度不够的瘪种；种苗移栽时去除病苗，并用25%多菌灵粉剂300倍液浸泡30分钟后晾干水汽移栽。忌连作；增加通风透光；发病初期发现病株及时拔除销毁，并用10%的石灰水灌穴；收获后清洁田园，消灭病残体。发病高峰期，用50%退菌特1000倍液或50%多菌灵500倍液浇灌病区，防效达90%以上；也可施用哈茨木霉、绿色木霉、康宁木霉等多种木霉菌防治。

5. 霜霉病

也被称为白粉病。叶片背面有一层霜状霉层，初期为白色，后变为灰黑色，最终致使叶片枯黄坏死。早春或晚秋低温多雨潮湿时，发病更严重。

防治方法 可用40%疫霜灵、瑞毒霉、甲基托布津等药剂喷洒。

6. 蚜虫

多发于5～6月，特别是阴雨天蔓延更快。它的种类很多，形态各异，体色有黄、绿、黑、褐、灰等，危害时多聚集于叶、茎顶部柔嫩多汁部位吸食，造成叶子及生长点卷缩，生长停止，叶片变黄、干枯。蚜虫危害的药用植物极多，几乎所有药用植物都受其危害。

防治方法 彻底清除杂草，减少其迁入的机会；在发病期可用1.5%苦参碱3000～4000倍液或5%吡虫啉乳油1000～2000倍液喷杀，连喷多次，直至杀灭。

7. 红蜘蛛

6月始发，危害叶片。7～8月高温干燥气候有利于其繁殖，种类很多，体微小、红色。多集中于植株背面吸取汁液。被害叶初期红黄色，后期严重时则全叶干枯，花、幼果也会受害。该害虫繁殖力很强，危害的药用植物很多。

防治方法 发病期可用0.5%藜芦碱800～1000倍液或虫螨腈喷杀。

8. 地老虎

又名土蚕、截蚕，多发生于多雨潮湿的6～7月。幼虫以茎叶为食，咬断嫩茎，造成缺苗断垄；稍大后，则钻入土中，夜间出来活动，咬食幼根、细苗，破坏植株生长。危害的药用植物很多，如桔梗等。

防治方法 粪肥须高温堆制，充分腐熟后再施用；4月下旬至5月上旬铲除地边杂草，清除枯落叶，消灭越冬幼虫和蛹；用75%辛硫磷乳油按种子量的0.1%拌种；日出前检查被害株苗，挖土捕杀；危害严重时，用75%辛硫磷乳油700倍液，进行穴灌，或撒施5%二嗪磷颗粒剂。

五、中药材相关政策法律法规

1.《中华人民共和国药品管理法》(节选)

第一章　总则

第四条　国家发展现代药和传统药，充分发挥其在预防、医疗和保健中的作用。

国家保护野生药材资源和中药品种，鼓励培育道地中药材。

第二章　药品研制和注册

第二十四条　在中国境内上市的药品，应当经国务院药品监督管理部门批准，取得药品注册证书；但是，未实施审批管理的中药材和中药饮片除外。实施审批管理的中药材、中药饮片品种目录由国务院药品监督管理部门会同国务院中医药主管部门制定。

第四章　药品生产

第四十四条　药品应当按照国家药品标准和经药品监督管理部门核准的生产工艺进行生产。生产、检验记录应当完整准确，不得编造。

中药饮片应当按照国家药品标准炮制；国家药品标准没有规定的，应当按照省、自治区、直辖市人民政府药品监督管理部门制定的炮制规范炮制。省、自治区、直辖市人民政府药品监督管理部门制定的炮制规范应当报国务院药品监督管理部门备案。不符合国家药品标准或者不按照省、自治区、直辖市人民政府药品监督管理部门制定的炮制规范炮制的，不得出厂、销售。

第四十七条　药品生产企业应当对药品进行质量检验。不符合国家药品标准的，不得出厂。

药品生产企业应当建立药品出厂放行规程，明确出厂放行的标准、条件。符合标准、条件的，经质量受权人签字后方可放行。

第四十八条　药品包装应当适合药品质量的要求，方便储存、运输和医疗使用。

发运中药材应当有包装。在每件包装上，应当注明品名、产地、日期、供货单位，并附有质量合格的标志。

第五章　药品经营

第五十五条　药品上市许可持有人、药品生产企业、药品经营企业和医疗机构应当从药品上市许可持有人或者具有药品生产、经营资格的企业购进药品；但是，购进未实施审批管理的中药材除外。

第五十八条　药品经营企业零售药品应当准确无误，并正确说明用法、用量和注意事项；调配处方应当经过核对，对处方所列药品不得擅自更改或者代用。对有配伍禁忌或者超剂量的处方，应当拒绝调配；必要时，经处方医师更正或者重新签字，方可调配。

药品经营企业销售中药材，应当标明产地。

依法经过资格认定的药师或者其他药学技术人员负责本企业的药品管理、处方审核和调配、合理用药指导等工作。

第五十九条　药品经营企业应当制定和执行药品保管制度，采取必要的冷藏、防冻、防潮、防虫、防鼠等措施，保证药品质量。药品入库和出库应当执行检查制度。

第六十条　城乡集市贸易市场可以出售中药材，国务院另有规定的除外。

第六十三条　新发现和从境外引种的药材，经国务院药品监督管理部门批准后，方可销售。

第十二章　附则

第一百五十二条　中药材种植、采集和饲养的管理，依照有关法律、法规的规定执行。

第一百五十三条　地区性民间习用药材的管理办法，由国务院药品监督管理部门会同国务院中医药主管部门制定。

第一百五十五条　本法自2019年12月1日起施行。

2.《中华人民共和国中医药法》（节选）

第三章　中药保护与发展

第二十一条　国家制定中药材种植养殖、采集、贮存和初加工的技术规范、标准，加强对中药材生产流通全过程的质量监督管理，保障中药材质量安全。

第二十二条　国家鼓励发展中药材规范化种植养殖，严格管理农药、肥料等农业投入品的使用，禁止在中药材种植过程中使用剧毒、高毒农药，支持中药材良种繁育，提高中药材质量。

第二十三条　国家建立道地中药材评价体系，支持道地中药材品种选育，扶持道地中药材生产基地建设，加强道地中药材生产基地生态环境保护，鼓励采取地理标志产品保护等措施保护道地中药材。

前款所称道地中药材，是指经过中医临床长期应用优选出来的，产在特定地域，与其他地区所产同种中药材相比，品质和疗效更好，且质量稳定，具有较高知名度的中药材。

第二十四条　国务院药品监督管理部门应当组织并加强对中药材质量的监测，定期向社会公布监测结果。国务院有关部门应当协助做好中药材质量监测有关工作。

采集、贮存中药材以及对中药材进行初加工，应当符合国家有关技术规范、标准和管理规定。

国家鼓励发展中药材现代流通体系，提高中药材包装、仓储等技术水平，建立中药材流通追溯体系。药品生产企业购进中药材应当建立进货查验记录制度。中药材经营者应当建立进货查验和购销记录制度，并标明中药材产地。

第二十五条　国家保护药用野生动植物资源，对药用野生动植物资源实行动态监测和定期普查，建立药用野生动植物资源种质基因库，鼓励发展人工种植养殖，支持依法开展珍贵、濒危药用野生动植物的保护、繁育及其相关研究。

第二十六条　在村医疗机构执业的中医医师、具备中药材知识和识别能力的乡村医生，按照国家有关规定可以自种、自采地产中药材并在其执业活动中使用。

第二十七条　国家保护中药饮片传统炮制技术和工艺，支持应用传统工艺炮制中药饮片，鼓励运用现代科学技术开展中药饮片炮制技术研究。

第二十八条　对市场上没有供应的中药饮片，医疗机构可以根据本医疗机构医师处方的需要，在本医疗机构内炮制、使用。医疗机构应当遵守中药饮片炮制的有关规定，对其炮制的中药饮片的质量负责，保证药品安全。医疗机构炮制中药饮片，应当向所在地设区的市级人民政府药品监督管理部门备案。

根据临床用药需要，医疗机构可以凭本医疗机构医师的处方对中药饮片进行再加工。

第二十九条　国家鼓励和支持中药新药的研制和生产。

国家保护传统中药加工技术和工艺，支持传统剂型中成药的生产，鼓励运用现代科学技术研究开发传统中成药。

第三十条　生产符合国家规定条件的来源于古代经典名方的中药复方制剂，在申请药品批准文号时，可以仅提供非临床安全性研究资料。具体管理办法由国务院药品监督管理部门会同中医药主管部门制定。

前款所称古代经典名方，是指至今仍广泛应用、疗效确切、具有明显特色与优势的古代中医典籍所记载的方剂。具体目录由国务院中医药主管部门会同药品监督管理部门制定。

第三十一条　国家鼓励医疗机构根据本医疗机构临床用药需要配制和使用中药制剂，支持应用传统工艺配制中药制剂，支持以中药制剂为基础研制中药新药。

医疗机构配制中药制剂，应当依照《中华人民共和国药品管理法》的规定取得医疗机构制剂许可证，或者委托取得药品生产许可证的药品生产企业、取得医疗机构制剂许可证的其他医疗机构配制中药制剂。委托配制中药制剂，应当向委托方所在地省、自治区、直辖市人民政府药品监督管理部门备案。

医疗机构对其配制的中药制剂的质量负责；委托配制中药制剂的，委托方和受托方对所配制的中药制剂的质量分别承担相应责任。

第三十二条　医疗机构配制的中药制剂品种，应当依法取得制剂批准文号。但是，仅应用传统工艺配制的中药制剂品种，向医疗机构所在地省、自治区、直辖市人民政府药品监督管理部门备案后即可配制，不需要取得制剂批准文号。

医疗机构应当加强对备案的中药制剂品种的不良反应监测，并按照国家有关规定进行报告。药品监督管理部门应当加强对备案的中药制剂品种配制、使用的监督检查。

第六章　中医药传承与文化传播

第四十三条　国家建立中医药传统知识保护数据库、保护名录和保护制度。

中医药传统知识持有人对其持有的中医药传统知识享有传承使用的权利，对他人获取、利用其持有的中医药传统知识享有知情同意和利益分享等权利。

国家对经依法认定属于国家秘密的传统中药处方组成和生产工艺实行特殊保护。

第九章　附则

第六十三条　本法自2017年7月1日起施行。

各论

huang qi
黄芪

本品为豆科植物膜荚黄芪*Astragalus membranaceus*（Fisch.）Bge. 或蒙古黄芪*Astragalus membranaceus*（Fisch.）Bge. var. *mongholicus*（ Bge.）Hsiao 的干燥根。

一、植物特征

1. 膜荚黄芪（原变种）

为多年生草本，高50～100厘米。主根肥厚，木质，常分枝，灰白色。茎直立，上部多分枝，有细棱，被白色柔毛。羽状复叶有13～27片小叶，长5～10厘米；叶柄长0.5～1厘米；托叶离生，卵形，披针形或线状披针形，长4～10毫米，下面被白色柔毛或近无毛；小叶椭圆形或长圆状卵形，长7～30毫米，宽3～12毫米，先端钝圆或微凹，具小尖头或不明显，基部圆形，上面绿色，近无毛，下面被伏贴白色柔毛。总状花序稍密，有10～20朵花；总花梗与叶近等长或较长，至果期显著伸长；苞片线状披针形，长2～5毫米，背面被白色柔毛；花梗长3～4毫米，连同花序轴稍密被棕色或黑色柔毛；小苞片2；花萼钟状，长5～7毫米，外面被白色或黑色柔毛，有时萼筒近于无毛，仅萼齿有毛，萼齿短，三角形至钻形，长仅为萼筒的1/4～1/5；花冠黄色或淡黄色，旗瓣倒卵形，长12～20毫米，顶端微凹，基部具短瓣柄，翼瓣较旗瓣稍短，瓣片长圆形，基部具短耳，瓣柄较瓣片长约1.5倍，龙骨瓣与翼瓣近等长，瓣片半卵形，瓣柄较瓣片稍长；子房有柄，被细柔毛。荚果薄膜质，稍膨胀，半椭圆形，长20～30毫米，宽8～12毫米，顶端具刺尖，两面被白色或黑色细短柔毛，果颈超出萼外；种子3～8颗。花期6～8月，果期7～9月。（图1）

2. 蒙古黄芪（变种）

植株较原变种矮小，小叶亦较小，长5～10毫米，宽3～5毫米，荚果无毛。（图2）

图1　膜荚黄芪

图2　蒙古黄芪

二、资源分布概况

全世界黄芪属约2000多种，分布于北半球、南美洲及非洲，稀见于北美洲和大洋洲。我国有278种、2亚种和35变种2变型，南北各省（自治区）均产，但主要分布于西藏（喜马拉雅山区）。

1. 野生黄芪的分布

野生膜荚黄芪主要分布于黑龙江、吉林、辽宁、河北、山西、内蒙古、陕西、甘肃、宁夏、青海、山东、四川和西藏等省（自治区）；野生蒙古黄芪分布于黑龙江、吉林、内蒙古、河北、山西和西藏等省（自治区）。

2. 种植黄芪的分布

黄芪种植品种以蒙古黄芪为主，主要产于山西浑源、应县、繁峙、代县；甘肃陇西、渭源、岷县、临洮；内蒙古固阳、武川、达茂、土右、前旗等地。近年来，山东、宁夏、河北、辽宁、吉林、黑龙江、陕西、新疆等地兼有种植。

三、生长习性

黄芪为长日照植物，喜阳光充足的环境。黄芪多生长在海拔800～1300米之间的山区或半山区的干旱向阳草地上，或向阳林缘树丛间。

1. 膜荚黄芪

生于林缘、灌丛或疏林下，亦见于山坡草地或草甸中，全国各地多有栽培，为常用中药材之一。

2. 蒙古黄芪

生于向阳草地及山坡上。

四、栽培技术

1. 种植材料

黄芪种质来源是由野生黄芪经过长期培育、选择而适合当地种植的农家驯化品种和少量人工培育品，这些品种具有有效成分含量高、抗病能力强、产量较高等特点。选择健壮无病虫害侵染的植株留种，必要时进行单株选择。每年8～9月期间，当果荚变黄色、种子呈浅褐色时，依种子成熟度分期分批进行人工采收，选择的种子应籽粒饱满，无褐变、无虫蛀，千粒重25～30克，将果荚挂在通风处阴干后进行脱粒，除去杂物，装入布袋或纸箱中，在干燥通风处贮藏。

2. 选地与整地

（1）选地　黄芪为深根药材，土壤养分消耗大，宜选择向阳地势，土层深厚、土质疏松、腐殖质多、能排能灌的中性和微碱性壤土或砂质壤土，其通透性较好，有利于黄芪根系下扎，保证了优质鞭杆的形成；低洼、黏土、重盐碱地均不宜栽种黄芪。

（2）整地　用中、小型挖掘机，从黄芪坡上部开始，将土壤翻挖80～100厘米深，将挖出的大石块、灌木根堆放在一起，边退边挖。并将土块打碎，地面整理平整、无坑洼。如需要施基肥时，每亩施25千克过磷酸钙或三元复合肥作基肥，将基肥均匀撒于地面，然后翻入土壤混匀。挖出的碎石块、杂草根清理出地块外，等待播种。坡度较大的地块，每隔50米左右，不要翻挖，沿等高线保留3米左右原植物带，防止下大雨时引起水土流失。

3. 播种

生产上一般采用种子直播法和育苗移栽法。直播法的黄芪根条长、质量好，但采挖时费时费工；育苗移栽的黄芪保苗率高、产量高，但分叉较多，外观质量差。

（1）直播法

①播种期：黄芪春、夏、秋三季均可播种，春季于4月中下旬播种，夏季于6～7月雨季播种，最迟不超过7月20日。也可以于秋季地冻前大约10月下旬播种。

②种子机械处理：将上年采收的、种皮黄褐色或棕黑色、发芽率70%以上的优良黄芪种子放在苫布上晾晒1天，用风机精选，除去不饱满、虫蛀的种子。将待播种子在碾米机里粗过一遍，划破种皮，然后用“高巧”进行药剂拌种，晾干后待播。

③机械播种及播种量：用改造后的山地谷黍播种机沿等高线播种，开沟、播种、履

土、碾压一次完成。行距50厘米，每亩播种量为1千克。

（2）育苗移栽法　按行距15～20厘米条播，每亩用种量5～6千克。育苗1年后，于早春土壤解冻后，边起边栽，按行距30～35厘米开沟，沟深10～15厘米，选择根条直、健康无病、无损伤的根条，按15厘米左右的株距顺放于沟内，覆土3厘米左右，压实后浇透水。

黄芪育苗地见图3。

图3　黄芪育苗地

4. 田间管理

（1）间苗与定苗　播种齐苗后（播种后20天左右）应及时进行查苗补苗，对于缺苗断垄的地块进行补种。补种时在缺苗处开浅沟，将种子撒于沟内，覆少量湿土盖住种子即可。补种时间不得晚于7月中旬。

（2）中耕与除草　播种当年不除草，以后每年黄芪返青后封垄前进行第1次中耕除草，7月上旬根据杂草生长情况进行拔草。

（3）摘蕾与打顶　生产田7月上旬摘除花序或打顶10厘米。留种田摘除植株上部小花序，摘除花序有利于集中营养供给根部或留下的种子。

（4）施肥　黄芪喜肥，在第1～2年生长旺盛时，且其根部生长也较快，每年可结合中耕除草施肥2～3次。第1次每亩沟施无害化处理后的人畜粪尿1000千克，或硫酸铵20千克。第2次以磷钾肥为主，用腐熟的堆肥1500千克与过磷酸钙50千克、硫酸铵10千克混匀后施入。第3次于秋季地上部分枯萎后，每亩施入腐熟的厩肥2500千克、过磷酸钙50千克、饼肥150千克混合拌匀后，于行间开沟施入，施后培土。

（5）越冬管理　进入冬季，黄芪枝叶枯萎，要及时清除残枝、枯叶，除去田间地埂杂草，集中堆沤，消除病虫害的越冬场所，以减少病虫害的越冬基数。另外，加强冬季看护，禁牧，禁止人畜践踏，禁止放火烧坡。

5. 病虫害防治

（1）白粉病　施足底肥，氮、磷、钾比例适当，不可偏施氮肥，以免植株徒长；合理密植，以利通风透光。发病初期喷施62.25%腈菌唑，或代森锰锌（仙生）可湿性粉剂1000倍液，或20%三唑酮乳油2000倍液，或12.5%烯唑醇（速保利）可湿性粉剂2000倍液，或50%多菌灵磺酸盐可湿性粉剂800倍液，或40%氟硅唑（福星）乳油4000倍液。

（2）霜霉病　合理密植，以利通风透光；增施磷、钾肥，提高寄主抵抗力。发病初期喷施72.2%丙酰胺霜霉威（普力克）水剂800倍液，或53%金雷多米尔可湿性粉剂600～800倍液，或52.5%抑快净水分散颗粒剂1500倍液，或78%波–锰锌可湿性粉500倍液。当霜霉病和白粉病混合发生时，喷施40%乙膦铝可湿粉剂200倍液+15%三唑酮可湿性粉剂2000倍液。

（3）斑枯病　发病初期喷施30%绿得保悬浮剂400倍液，或50%甲基硫菌灵·硫黄悬浮剂800倍液，或20%二氯异氰脲酸钠（菜菌清）可湿性粉剂400倍液，或60%琥铜·乙铝锌可湿性粉剂500倍液，或10%苯醚甲环唑（世高）水分散颗粒剂1500倍液。

（4）根腐病　平整土地，防止低洼积水；实行3～5年以上轮作；合理密植，以利通风透光；采挖、栽植、中耕时尽量减少伤口；采挖时剔除病根、伤根；防治地下害虫，减少虫伤。用50%多菌灵可湿性粉剂按每亩2千克，加细土30千克拌匀撒于地面、耙入土中。栽植时栽植沟（穴）也用此药土处理。栽植前一天用3%噁霉·甲霜（广枯灵）水剂700倍，或50%多菌灵–磺酸盐（溶菌灵）可湿性粉剂500倍液，或20%乙酸铜（清土）可湿性粉剂900倍液蘸根10分钟，晾干后栽植，或用10%咯菌睛（适乐时）15毫升，加水1～2千克，喷洒根部至淋湿为止，晾干后栽植。发病初期用50%多菌灵或70%甲基托布津可湿性粉剂1000倍液进行喷雾预防，每隔7天1次，连喷2～3次；根腐病发生后，用10%的石灰水或50%多菌灵可湿性粉剂1000倍液灌根防治。

（5）虫害　高海拔区虫害较少，蚜虫和黄芪种子小蜂可在盛花期及种子乳熟期各喷1次40%辛硫磷乳油1000倍液，以杀灭大量羽化的成虫；低海拔区虫害较多，可用40%辛硫磷乳油30～40毫升兑水30千克喷雾防治。幼苗期黄芪虫害主要有蛴螬、地老虎和蚜虫等，可用浸苗（种苗处理部分）及撒毒饵的方法加以防治。先将饵料（麦麸、玉米碎粒）5千克炒香，而后用5%二嗪磷0.15千克拌匀，适量加水，拌潮为度，撒在苗间，施用量为每亩2～3千克。蚜虫、跳甲等用10%吡虫啉可湿性粉剂2000倍液喷雾防治。有条件的可在田间安装杀虫灯诱杀成虫。

五、采收加工

1. 采收

（1）采收年限　黄芪的采收年限一般为2～3年。

（2）采收季节　当霜降地上部分枯萎时，或春季土壤解冻以后至植株萌芽前采挖，并以秋季采收为佳，此时水分小，粉性足，质坚实。

（3）采收方法　黄芪传统为人工采挖，费工费时，现在种植黄芪多采用机械采挖，可提高效率，降低成本。采收于秋季茎叶枯萎后进行，将根从土中深挖出来，避免挖断主根或碰伤根皮。

2. 加工

根挖出后，除去泥土，趁鲜将芦头上部（根茎）剪掉，大小一齐晾晒至皮部略干，表皮不易脱落时，扎成直径约15厘米的小捆，用绳子活套两端，下垫木板，手拉绳头，用脚踏着来回搓动。搓后堆码发汗，严防发霉，促进糖化。2～3天后，晾晒搓第2遍，如此反复数次，直至全干。要求表皮保持完整，皮肉紧实，内部糖分积聚，条秆刚柔适度，最后砍去头、尾，剪尽毛根，分等扎把，即成商品药材。

六、药典标准

1. 药材性状

本品呈圆柱形，有的有分枝，上端较粗，长30～90厘米，直径1～3.5厘米。表面淡棕黄色或淡棕褐色，有不整齐的纵皱纹或纵沟。质硬而韧，不易折断，断面纤维性强，并显粉性，皮部黄白色，木部淡黄色，有放射状纹理和裂隙，老根中心偶呈枯朽状，黑褐色或呈空洞。气微，味微甜，嚼之微有豆腥味。

图4　黄芪药材（蒙古黄芪）

蒙古黄芪药材图见图4。

2. 显微鉴别

（1）横切面　木栓细胞多列；栓内层为3～5列厚角细胞。韧皮部射线外侧常弯曲，有裂隙；纤维成束，壁厚，木化或微木化，与筛管群交互排列；近栓内层处有时可见石细胞。形成层成环。木质部导管单个散在或2～3个相聚；导管间有木纤维；射线中有时可见单个或2～4个成群的石细胞。薄壁细胞含淀粉粒。

（2）粉末特征　粉末黄白色。纤维成束或散离，直径8～30微米，壁厚，表面有纵裂纹，初生壁常与次生壁分离，两端常断裂成须状，或较平截。具缘纹孔导管无色或橙黄色，具缘纹孔排列紧密。石细胞少见，圆形、长圆形或形状不规则，壁较厚。

3. 检查

（1）水分　不得过10.0%。

（2）总灰分　不得过5.0%。

（3）重金属及有害元素　照铅、镉、砷、汞、铜测定法测定，铅不得过5毫克/千克；镉不得过1毫克/千克；砷不得过2毫克/千克；汞不得过0.2毫克/千克；铜不得过20毫克/千克。

（4）其他有机氯类农药残留量　照农药残留量测定法测定，五氯硝基苯不得过0.1毫克/千克。

4. 浸出物

照水溶性浸出物测定法项下的冷浸法测定，不得少于17.0%。

七、仓储运输

1. 仓储

药材入库前应详细检查有无虫蛀、发霉等情况。凡有问题的包件都应进行适当处理；经常检查，保证库房干燥、清洁、通风；堆垛层不能太高，要注意外界温度、湿度的变化，及时采取有效措施调节室内温度和湿度。要贮藏于通风干燥处，温度30℃以下，相对湿度60%～75%，商品安全含水量10%～13%，本品易吸潮后发霉。本品易被虫蛀，为害的仓库害虫有家茸天牛、咖啡豆象、印度谷螟；贮藏期应定期检查、消毒，经常通风，必要时可以密封氧气充氮养护，发现虫蛀可用磷化铝等熏蒸。气调贮藏，人为降低氧气浓度，充氮或二氧化碳，在短时间内，使库内充满98%以上的氮气或50%二氧化碳，而氧气留存不到2%，致使害虫缺氧窒息而死，达到很好的杀虫灭菌的效果。一般防霉防虫，含氧量控制在8%以下即可。

2. 运输

运输车辆的卫生合格，温度在16～20℃，湿度不高于30%，具备防暑防晒、防雨、防潮、防火等设备，符合装卸要求；进行批量运输时应不与其他有毒、有害、易串味物质混装。

八、药材规格等级

（1）特等　干货。呈圆柱形的单条，斩疙瘩头或喇叭头，顶端间有空心，表面灰白色或淡褐色。质硬而韧。断面外层白色，中间淡黄色或黄色，有粉性。味甘、有生豆气。长70厘米以上，上部直径2厘米以上，末端直径不小于0.6厘米。无须根、老皮、虫蛀、霉变。

（2）一等　干货。呈圆柱形的单条，斩去疙瘩头或喇叭头，顶端有空心。表面灰白色或淡褐色。质硬而韧。断面外层白色，中间淡黄色或黄色，有粉性。味甘、有生豆气。长50厘米以上，上中部直径1.5厘米以上，末端直径不小于0.5厘米。无须根、老皮、虫蛀、霉变。

（3）二等　干货。呈圆柱形的单条，斩去疙瘩头或喇叭头，顶端间有空心，表面灰白色或淡褐色，质硬而韧。断面外层白色，中间淡黄色或黄色，有粉性。味甘、有生豆气。长40厘米以上，上中部直径1厘米以上，末端直径不小于0.4厘米，间有老皮。无须根、虫蛀、霉变。

（4）三等　干货。呈圆柱形单条，斩去疙瘩头或喇叭头，顶端间有空心。表面灰白色或淡褐色。质硬而韧。断面外层白色，中间淡黄色或黄色，有粉性。味甘、有生豆气。不分长短，上中部直径0.7厘米以上，末端直径不小于0.3厘米，间有破短节子。无须根、虫蛀、霉变。

九、药用食用价值

1. 临床常用

（1）治自汗　防风、黄芪各一两，白术二两。上每服三钱，水一半，姜三片煎服。

（2）治风湿脉浮，身重，汗出恶风者　防己一两，甘草半两（炒），白术七钱半，黄芪一两一分（去芦）。上锉麻豆大，每抄五钱匙，生姜四片，大枣一枚，水盏半，煎八分，去滓温服，良久再服。

（3）治血痹，阴阳俱微，寸口关上微，尺中小紧，外证身体不仁，如风痹状　黄芪三两，芍药三两，桂枝三两，生姜六两，大枣十二枚。上五味，以水六升，煮取二升，温服七合，日三服。

（4）治痈疽诸毒内脓已成，不穿破者　黄芪四钱，山甲（炒末）一钱，皂角针一钱五分，当归二钱，川芎三钱。水二钟，煎一半，随病前后，临时入酒一杯亦好。

（5）治石疽皮色不变，久不作脓　黄芪（炙）二两，大附子（去皮脐，姜汁浸透，切片，火煨炙，以姜汁一钟尽为度）七钱，菟丝子（酒浸，蒸）、大茴香（炒）各一两。共为末，酒打糊为丸。每服一钱，每日二服，空心，食前黄酒送下。

（6）治痈疽发背，肠痈，奶痈，无名肿毒，焮作疼痛，憎寒壮热，类若伤寒，不问老幼虚人　忍冬草（去梗）、黄芪（去芦）各五两，当归一两二钱，甘草（炙）一两。上为细末，每服二钱，酒一盏半，煎至一盏，若病在上，食后服，病在下，食前服，少顷再进第二服，留滓外敷，未成脓者内消，已成脓者即溃。

（7）治痈疽脓泄后，溃烂不能收口　黄芪三钱，人参三钱，甘草二钱，五味一钱，生姜三钱，茯苓三钱，牡蛎三钱。水煎大半杯，温服。

（8）治甲疽疮肿烂，生脚指甲边赤肉出，时瘥时发者　黄芪二两，闾茹三两。上二味切，以苦酒浸一宿，以猪脂五合，微火上煎，取二合，绞去滓以涂疮上，日三两度。

（9）治诸虚不足，肢体劳倦，胸中烦悸，时常焦渴，唇口干燥，面色萎黄，不能饮食，或先渴而欲发疮疖，或病痈疽而后渴者　黄芪六两（去芦，蜜涂炙），甘草一两（炙）。上细切，每日二钱，水一盏，枣一枚，煎七分，去滓温服，不拘时。

（10）治肌热燥热，困渴引饮，目赤面红，昼夜不息，其脉洪大而虚，重按全无，证象白虎，惟脉不长，误服白虎汤必死，此病得之于饥困劳役　黄芪一两，当归（酒洗）二钱。上细切，都作一服，水二盏，煎至一盏，去渣温服，空心食前。

（11）治消渴　黄芪三两，茯神三两，栝楼三两，甘草（炙）三两，麦冬（去心）三两，干地黄五两。上六味切，以水八升，煮取二升半，分三服。忌芜荑、酢物、海藻、菘菜。日进一剂，服十剂。

（12）治肠风泻血　黄芪、黄连等分。上为末，面糊丸，如绿豆大。每服三十丸，米饮下。

（13）治尿血砂淋，痛不可忍　黄芪、人参等分，为末，以大萝卜一个，切一指厚大四五片，蜜二两，腌炙令尽，不令焦，点末，食无时，以盐汤下。

（14）治白浊　黄芪盐炒半两，茯苓一两。上为末，每服一二钱，空心白汤送下。

（15）治酒疸，心痛，足胫满，小便黄，饮酒发赤斑黄黑，由大醉当风入水所致　黄芪二两，木兰一两。末之，酒服方寸匕，日三服。

（16）治老人大便秘涩　绵黄芪、陈皮（去白）各半两。上为细末，每服三钱，用大麻仁一合烂研，以水投取浆一盏，滤去滓，于银、石器内煎，候有乳起，即入白蜜一大匙，再煎令沸，调药末，空心食前服。

（17）治四肢节脱，但有皮连，不能举动，此筋解也　黄芪三两，酒浸一宿，焙研，酒下二钱，至愈而止。

（18）治气虚胎动，腹痛下水　糯米一合，黄芪、川芎各一两。水煎，分三服。

（19）治痘顶陷皮薄而软者　炙黄芪三钱，人参一钱五分，炙甘草七钱，川芎一钱，肉桂一钱，白术一钱。加数枣同煎，气不行加木香。

（20）治小儿小便不通　绵黄芪为末，每服一钱，水一盏，煎至五分，温服无时。

（21）治小儿营卫不和，肌瘦盗汗，骨蒸多渴，不思乳食，腹满泄泻，气虚少力　黄芪（炙）、人参、当归、赤芍、沉香各一两，木香、桂心各半两。上细切，每服一钱，生姜二片，枣子半个，水半盏，煎至三分，去滓，温服。

（22）治脱肛　生黄芪四两，防风三钱。水煎服。

现代医学研究表明，黄芪有增强机体免疫功能、保肝、利尿、抗衰老、抗应激、降血压和较广泛的抗菌作用。能消除实验性肾炎蛋白尿，增强心肌收缩力，调节血糖含量。黄芪不仅能扩张冠状动脉，改善心肌供血，提高免疫功能，而且能够延缓细胞衰老的进程。

2. 食疗及保健

黄芪是百姓经常食用的纯天然品，民间流传着“常喝黄芪汤，防病保健康”的顺口溜，意思是说经常用黄芪煎汤或泡水代茶饮，具有良好的防病保健作用。黄芪和人参均属补气良药，人参偏重于大补元气，回阳救逆，常用于虚脱、休克等急症，效果较好。而黄芪则以补虚为主，常用于体衰日久、言语低弱、脉细无力者。有些人一遇天气变化就容易感冒，中医称为“表不固”，可用黄芪来固表，常服黄芪可以避免经常性的感冒。

参考文献

[1] 陈士林. 中药材产地适宜性介析地理信息系统的开发及蒙古黄芪产地适宜性研究[J]. 世界科学技术，2006，8（3）：47-53.

[2] 常晖. 蒙古黄芪种子生物学特性及幼苗生长发育动态研究[D]. 咸阳：西北农林科技大学，2015.

[3] 王萍娟. 吉林省不同种植地不同类型膜荚黄芪生物学特性和药材质量的研究[D]. 长春：吉林农业大学，2006.

[4] 张贵君. 现代中药材商品通鉴[M]. 北京：中国中医药出版社，2001：652.

[5] 赵一之. 黄芪植物来源及其产地分布研究[J]. 中草药，2004（10）：1189–1190.

[6] 龚千锋. 中药炮制学（第九版）[M]. 北京：中国中医药出版社，2012：271.

[7] 张贵君. 中药商品学（第二版）[M]. 北京：人民卫生出版社，2008：92.

本品为五加科植物刺五加*Eleutherococcus senticosus* (Rupr. & Maxim.)Maxim. 的干燥根和根茎或茎。

一、植物特征

为多年生灌木，高1～6米；分枝多，一年生、二年生的通常密生刺，稀仅节上生刺或无刺；刺直而细长，针状，下向，基部不膨大，脱落后遗留圆形刺痕，叶有小叶5，稀3；叶柄常疏生细刺，长3～10厘米；小叶片纸质，椭圆状倒卵形或长圆形，长5～13厘米，宽3～7厘米，先端渐尖，基部阔楔形，上面粗糙，深绿色，脉上有粗毛，下面淡绿色，脉上有短柔毛，边缘有锐利重锯齿，侧脉6～7对，两面明显，网脉不明显；小叶柄长0.5～2.5厘米，有棕色短柔毛，有时有细刺。伞形花序单个顶生，或2～6个组成稀疏的圆锥花序，直径2～4厘米，有花多数；总花梗长5～7厘米，无毛；花梗长1～2厘米，无毛或基部略有毛；花紫黄色；萼无毛，边缘近全缘或有不明显的5小齿；花瓣5，卵形，长1～2毫米；雄蕊5，长1.5～2毫米；子房5室，花柱全部合生成柱状。果实球形或卵球形，有5棱，黑色，直径7～8毫米，宿存花柱长1.5～1.8毫米。花期6～7月，果期8～10月。（图1）

图1　刺五加

二、资源分布概况

应用中药材产地适宜性分析地理信息系统（TCMGIS）对我国刺五加适宜生长区域进行了区划，全国共有11个省（自治区、直辖市）的269个县（市）为刺五加的适宜产地，该区域地理位置位于小兴安岭、长白山、大兴安岭、燕山山脉、太行山和秦岭山脉，其中黑龙江省适宜面积占全国总面积的49.3%，其次为内蒙古自治区22.4%，吉林省16.5%，辽宁省4.3%，河北省、北京市、河南省、山西省、陕西省、四川省和甘肃省总计仅占7.4%。刺五加的种子需要4个月左右的形态后熟期和2个月0～5℃生理后熟期，所以刺五加主要分布在我国寒冷湿润的北方地区，在南部也基本分布在高海拔地区的温凉湿润地带，干燥环境不适合刺五加的生长和生育，因此种群数量较少。

三、生长习性

生于森林或灌丛中，海拔数百米至2000米。喜温暖湿润气候，耐寒、耐微荫蔽。宜选向阳、腐殖质层深厚、土壤微酸性的砂质壤土。

四、栽培技术

1. 选地与整地

（1）选地　应选择针阔混交林、阔叶林或者疏林地，上层林木郁闭度在0.3～0.5之间。坡向以阴坡、半阴坡为宜；也可选择宜林荒山荒地，进行全光造林。要求土壤湿润肥沃，排水良好。林地坡度不超过25°。

（2）整地　要全面清除杂草、灌木，割茬高不超过6厘米。采用穴状整地方式，穴规格为50厘米×50厘米，清除树根、杂草和石块，疏松土壤。造林株行距为1米×1.5米，即栽植密度为每公顷6666株。

2. 播种

（1）种子繁殖　刺五加的果实一般在每年的9月中、下旬成熟，其果实采收后不能直接播种，需要经过一个冬季完成生理成熟过程后，种子才能发芽。

种子采收处理：在9月中、下旬，当果实由黄褐色变为黑色且变软时采收。采收后首先进行筛选，除去杂质和秕种子，将果实放入冷水中浸泡1～2天，然后搓去果皮和果肉，再用清水漂洗，取沉底的饱满种子晾干。处理时把种子和湿砂以1：3的比例混拌均匀后，放在室内堆藏一段时间，在背风向阳处挖深40厘米、宽40厘米、长度视种子量的多少而定的沟槽，沟槽底部铺上5厘米厚的湿砂，然后将种砂混合物放到沟槽内，厚约30厘米，上面再覆5厘米厚的湿砂，最后覆上20厘米的土壤成丘状，覆土时每隔一定距离放置一段草把，以利于通风。待到春季解冻后将种子取出，放在向阳处晾晒，每天翻动几次，当有30%以上的种子裂口时即可以播种。

播种育苗：播种育苗时间一般在4月上、中旬。苗圃地最好选择土壤肥沃、排水良好的山地，坡度不超过15°；农家的菜园地亦可。播种前做床，床土要深翻耙细，结合整地，每亩可施入优质农家肥2000千克。做成宽1.2米、长10米、高0.2米的苗床。然后将苗床浇透水，待水渗下床面稍干后，将处理好的种子均匀地撒在床面上，上面覆盖细土厚0.5～1厘米，然后盖上地膜或稻草，大约1个月后出苗。当出苗率达到50%后揭去地膜或稻草。当苗高3～5厘米时进行间苗，苗高达10厘米时定苗，株距8～10厘米。在间苗的同时要进行除草松土。

（2）扦插繁殖　硬枝扦插：选取二年生的枝条，上面要有3～5个芽，剪成15厘米长的插穗，斜插入土中，保持一定温度和湿度。春季扦插要用薄膜覆盖，温度保持在25°左右。夏季则要搭设遮荫棚。如在林内扦插，则可以在床面覆盖上一层落叶。

嫩枝扦插：在6～7月间，选取生长健壮的半木质化的枝条，剪成长10厘米的插条，只留一片掌状复叶或将叶片剪去一半。将插条按株行距8厘米×15厘米斜插入苗床中，插入的深度为插条长的2/3，浇透水后用地膜覆盖，以保持土壤湿度，大约半个月即可生根，然后去掉薄膜，第二年即可移栽。

（3）分蘖繁殖　在春季土壤完全解冻前，将植株周围萌发的幼苗连根挖出，或者连同母株一起挖出分株。分株的幼苗必须生长健壮、根系好、无伤根，以60厘米×60厘米的株行距定植。

3. 田间管理

（1）松土除草　树苗定植后要及时进行除草松土，首先割除萌发的杂草和灌木，在种植穴内松土，结合除草中耕2次，以保持田间清洁。

（2）追肥　在6月下旬追肥一次，施腐熟的农家肥或人粪尿，在根部采取放射状沟施，追肥后覆土，并浇1次清水。

（3）剪枝整形　随时剪去生长过密的枝条，以及枯死枝、衰老枝、病腐枝和畸形枝，保持树木卫生状况及旺盛长势。

4. 病虫害防治

（1）猝倒病　刺五加幼苗期易发生此病害，主要病原菌是立枯丝核菌，发病期是幼苗子叶期，多出现在气温较低、空气和土壤潮湿的条件下。防治方法以预防为主，如发现猝倒病时用多菌灵1000倍液喷洒苗床，连续几次。

（2）立枯病　用40%的立枯灵1000倍液或42%福甲可湿粉剂500倍液、75%敌克松800倍液，喷洒幼苗根部，每15天喷1次。

（3）斑点病　可用50%多菌灵500倍液，50%朴海因1500倍液，50%甲基托布津液，每15天喷1次。

（4）蚜虫　可用啶虫脒、吡虫啉，蚜虫虫害发生高峰期，连续施用2～3次即可。

（5）蝼蛄、蛴螬、地老虎等　为刺五加苗期主要地下害虫，它们专食害苗根或咬断根茎，危害严重时直接影响育苗效果。发现危害应及时防治，其方法主要是物理防治，如黑光灯诱杀、人工捕捉等。

（6）其他虫害　采取综合防制措施。

五、采收加工

1. 采收

（1）根的采收　于9月下旬到10月中旬或春季树叶流动前采收。

（2）根茎及茎的采收　根茎及茎干的采收宜在秋天树木落叶后进行。

2. 加工

（1）根的加工　去掉泥土，切成30～40厘米长，晒干后捆成小捆或采收后切成5厘米左右长的小段，晒干后装袋待售。或采收后及时送制药厂加工提取。

（2）根茎及茎的加工　对那些经过多年采摘和反复平茬，没有复壮希望的老龄树连根挖出，地上茎干部分截成20厘米长的段，洗净晒干后捆成小捆。根部挖出后抖掉泥土，用清水洗净，剥掉根皮晒干后即可出售或储藏。

六、药典标准

1. 药材性状

本品根茎呈结节状不规则圆柱形，直径1.4～4.2厘米。根呈圆柱形，多扭曲，长3.5～12厘米，直径0.3～1.5厘米；表面灰褐色或黑褐色，粗糙，有细纵沟及皱纹，皮较薄，有的剥落，剥落处呈灰黄色。质硬，断面黄白色，纤维性。有特异香气，味微辛、稍苦、涩。（图2）

图2　刺五加药材（来源于《新编中国药材学》第一卷）

本品茎呈长圆柱形，多分枝，长短不一，直径0.5～2厘米。表面浅灰色，老枝灰褐色，具纵裂沟；无刺；幼枝黄褐色，密生细刺。质坚硬，不易折断，断面皮部薄，黄白色，木部宽广，淡黄色，中心有髓。气微，味微辛。

2. 显微鉴别

（1）根横切面　木栓细胞数10列。栓内层菲薄，散有分泌道；薄壁细胞大多含草酸钙簇晶，直径11～64微米。韧皮部外侧散有较多纤维束，向内渐稀少；分泌道类圆形或椭圆形，径向径25～51微米，切向径48～97微米；薄壁细胞含簇晶。形成层成环。木质部占大部分，射线宽1～3列细胞；导管壁较薄，多数个相聚；木纤维发达。

（2）根茎横切面　韧皮部纤维束较根为多；有髓。

（3）茎横切面　髓部较发达。

3. 检查

（1）水分　不得过10.0%。

（2）总灰分　不得过9.0%。

4. 浸出物

照醇溶性浸出物测定法项下热浸法测定，用甲醇作溶剂，不得少于3.0%。

七、仓储运输

1. 仓储

药材入库前应详细检查有无虫蛀、发霉等情况，凡有问题的包件都应进行适当处理。经常检查，保证库房干燥、清洁、通风；堆垛层不能太高，要注意外界温度、湿度的变化，及时采取有效措施调节室内温度和湿度。要贮藏于通风干燥处，温度30℃以下，相对湿度60%～75%，商品安全含水量10%～13%，经常通风，发现虫蛀可用磷化铝等熏蒸；必要时可气调贮藏，即人为降低氧气浓度，充氮或二氧化碳，在短时间内，使库内充满98%以上的氮气或50%二氧化碳，而氧气留存不到2%，致使害虫缺氧窒息而死，达到很好的杀虫灭菌的效果。一般防霉、防虫，含氧量控制在8%以下即可。

2. 运输

运输车辆的卫生合格，温度16～20℃，湿度不高于30%，具备防暑、防晒、防雨、防潮、防火等设备，符合装卸要求；进行批量运输时应不与其他有毒、有害、易串味物质混装。

八、药材规格等级

刺五加根茎和根多用于中成药原料，全国尚未有统一的规格标准。一般要求直径0.3～1.5厘米，长5～10厘米即可。

九、药用食用价值

2020年版《中国药典》记载刺五加具有益气健脾，补肾安神之功。可用于治疗脾肺气虚，体虚乏力，食欲不振，肺肾两虚，久咳虚喘，肾虚腰膝酸痛，心脾不足，失眠多梦。

1. 临床常用

（1）治腰痛　刺五加、杜仲（炒）。上等分，为末，酒糊丸，如梧桐子大。每服三十丸，温酒下。

（2）治妇人血风劳，形容憔悴，肢节困倦，喘满虚烦，呼吸少气，发热汗多，口干舌涩，不思饮食　刺五加、牡丹皮、赤芍、当归（去芦）各一两。上为末，每服一钱，水一盏，将青铜钱一文，蘸油入药，煎七分，温服，日三服。

（3）治四五岁不能行　刺五加、川牛膝（酒浸二日）、木瓜（干）各等分。上为末，每服二钱，空心米汤调下，一日二服，服后再用好酒半盏与儿饮之，仍量儿大小。

（4）治鹤膝风　刺五加八两，当归五两，牛膝四两，无灰酒一斗。煮三炷香，日二服，以醺为度。

（5）治一切风湿痿痹　刺五加，洗刮去骨，煎汁和曲米酿成饮之；或切碎袋盛，浸酒煮饮，或加当归、牛膝、地榆诸药。

（6）治虚劳不足　刺五加、地骨皮各一斗。上二味细切，以水一石五斗，煮取汁七斗，分取四斗，浸麴一斗，余三斗用拌饭，下米多少，如常酿法，熟压取服之，多少任性。

刺五加的临床应用广泛，如治疗神经衰弱、女性更年期综合征等中枢神经系统疾病；对风湿性关节炎、心绞痛、高脂血症、低血压、糖尿病等都有治疗和预防作用，且能增强免疫力及预防性急性高原反应。

2. 食疗及保健

现代医学研究证明刺五加的作用特点与人参基本相同，具有调节机体紊乱，使之趋于正常的功能。有良好的抗疲劳作用，较人参显著，并能明显的提高耐缺氧能力，久服“轻身耐劳”。

刺五加可代茶饮，一般每天15～30克，沸水冲泡加盖闷15分钟即可饮用。刺五加茶最大限度地保留了刺五加特有的营养和药用成分，又兼有茶叶的色、香、味、形等特点，口感好，价格低，适于广大人群饮用。

参考文献

[1] 张育松. 刺五加及刺五加茶的保健功效与加工工艺[J]. 亚热带农业研究，2009，5（1）：56-59.

[2] 贾照志. 刺五加的主要功效及临床应用[J]. 医学信息（中旬刊），2011，24（7）：3316-3317.

桔梗 (jie geng)

本品为桔梗科植物桔梗*Platycodon grandiflorum*（Jacq.）A. DC的干燥根。

一、植物特征

为多年生草本，高40～50厘米，全株带苍白色，有白色乳汁。根粗壮，长倒圆锥形，表皮黄褐色。茎直立，单一或分枝。叶3枚轮生，有时对生或互生，卵形或卵状披针形，长2.5～4厘米，宽2～3厘米，先端锐尖，基部宽楔形，边缘有尖锯齿，上面绿色，无毛，下面灰蓝绿色，沿脉被短糙毛，无柄或近无柄。花1至数朵生于茎及分枝顶端；花萼筒钟状，无毛，裂片5，三角形至狭三角形，长3～6毫米；花冠蓝紫色，宽钟状，直径约3.5厘米，长约3厘米，无毛，5浅裂，裂片宽三角形，先端尖，开展；雄蕊5，与花冠裂片互生，长约1.5厘米，花药条形，长8～10毫米，黄色，花丝短，基部加宽，里面被短柔毛；花柱较雄蕊长，柱头5裂，裂片条形，反卷，被短毛。蒴果倒卵形，成熟时顶端5瓣裂；种子卵形，扁平，有三棱，长约2毫米，宽约1毫米，黑褐色，有光泽。花期7～9月，果期8～10月。（图1）

图1　桔梗

二、资源分布概况

野生桔梗主要分布于黑龙江、吉林、辽宁、内蒙古、河南、河北、山东、山西、陕西、安徽、湖南、湖北、浙江、江苏等地，四川、贵州、江西、福建、广东、广西等地也有分布。桔梗在我国栽培历史悠久，主产于安徽太和、滁县、六安、阜阳、安庆、巢湖；河南桐柏、鹿邑、南阳、信阳、新县、商城、灵宝；四川梓潼、巴中、中江、阆中；湖北蕲春、罗田、大悟、英山、孝感；山东泗水；辽宁辽阳、凤城、岫岩；江苏盱眙、连云港、宜兴；浙江磐安、嵊州、新昌、东阳；河北定兴、易县、安国；吉林东丰、辉南、通化、和龙、安图、汪清、龙井；内蒙古赤峰等地。

三、生长习性

桔梗生于海拔1100米以下的阳处草丛、灌丛中，少生于林下。较耐高温，亦较耐寒冷，但不耐严寒酷暑。宿根肥厚粗壮，贮存养分较多，有利于越冬，北方可以生长，但由于气温低，生长期短，植株多较矮，切花的价值低，宜选择向阳温暖地。南方的炎热夏季，亦抑制植株生长，宜选择海拔较高的凉爽地区种植。

四、栽培技术

1. 选地与整地

（1）选地　桔梗为直根系深根性植物，喜凉爽湿润环境。宜选择地势高燥、背风向阳、土层深厚、疏松肥沃、湿润而排水良好的砂壤土栽培，前茬作物以豆科、禾本科作物为宜。黏土及低洼盐碱地不宜种植。适宜pH 6～7.5。

（2）整地　施足基肥，每亩施土杂肥2000～3500千克，硫酸钾25千克、磷酸二铵10千克、三元素复合肥15千克，深耕30～40厘米，拣净石块，除净草根等杂物。整平、耙细、作畦。畦宽1.2～1.5米，平畦或高畦，高畦畦高15厘米，畦长不限，作业道宽20～30厘米。土壤干旱时，先向畦内浇水或腐熟的稀粪水，待水渗下，表土稍松散时再播种。

2. 播种

（1）种子繁殖法

①播种时间：春季播种、夏季播种、秋季播种或冬季播种均可。秋季播种产量和质量高于春季播种，秋季播种于10月中旬土壤封冻前播种。春季播种东北地区在4月上旬至5月下旬。夏季播种于6月中上旬，夏季播种种子易出苗。

②选种与种子处理：选择二年生桔梗所产的充实饱满、发芽率高达90%的种子。播前将种子放在40～50℃温水中，搅动至凉后，再浸泡8～12小时，稍晾后可直接播种，也可用湿布包上，放在25～30℃的地方，盖湿麻袋催芽，每天早晚用温水冲滤一

次，4～5天，待种子萌动时，即可播种。也可用0.3%～0.5%高锰酸钾溶液浸泡12小时后播种。

③种子直播法：种子直播法有条播法和撒播法两种。生产上多采用条播法。条播法按沟心距15～25厘米、沟深2.5～4.5厘米、条幅10～15厘米开沟，将种子均匀撒于沟内，或用草木灰拌种撒于沟内，播后覆盖细土或火灰0.5～1厘米厚，以不见种子为度。撒播将种子拌草木灰均匀撒于畦内，撒细土覆盖，以不见种子为度。条播每亩用种子0.5～1.5千克，撒播用种子1.5～2.5千克。播后在畦面上盖草保温保湿。

（2）育苗移栽法　育苗方法同直播法。培育1年后，当根上端粗0.3～0.5厘米，长20～35厘米时，即可移栽。秋后（11月中旬前后）至翌年春季发芽前，深刨起苗不断根。开沟15～20厘米深，按行距25～30厘米、株距5～6厘米移栽，每亩植4.5万～5.5万株，按大、中、小分级，抹去侧根，分别移栽，斜栽于沟内，上齐下不齐，根要捋直，顶芽以上覆土3～5厘米。墒情不足时，栽后应及时浇水。

3. 田间管理

（1）间苗定苗　直播田苗高2厘米时，适当疏苗；苗高3～4厘米时，按株距6～10厘米定苗。拔除小苗、弱苗、病苗。缺苗断垄处要补苗，宜在阴雨天补苗，带土移栽易于成活。桔梗的品质与栽培管理有着密切的关联。根据鲁中地区多年种植桔梗的试验，总结在桔梗种子处理、播种、田间管理等方面的种植技术，发现桔梗合理种植密度为定苗时株距5～6厘米，基本苗每公顷75万～90万株。

（2）中耕除草　桔梗前期生长缓慢，杂草较多，应及时中耕除草。苗高3～5厘米时浅松土，拔净杂草。特别是育苗移栽田，定植浇水后，在土壤墒情适宜时，应立即浅松土一次，以免地干裂透风，造成死苗。每次间苗应结合除草一次。定植以后适时中耕、除草、松土，保持土壤疏松无杂草，松土宜浅，以免伤根。中耕宜在土壤干湿度适中时进行，植株长大封垄后不宜再进行中耕除草。

（3）肥水管理

①施肥管理：桔梗是喜肥植物，在生长期间宜多追肥。特别是在6～9月，此时为桔梗生长旺季，应在6月下旬和7月中下旬视植株生长情况适时追肥。10月下旬幼苗经霜枯萎后立即浇一层掺水人畜粪，上盖一层土杂肥，保护苗根安全越冬，翌年4月初扒开覆盖肥，以利出苗。肥料以人畜粪尿为主，配施少量磷肥和尿素（禁用碳酸氢铵）。一般每亩施稀人粪尿、畜粪1000～1500千克或磷酸二铵和尿素各10～15千克。开沟施肥、覆土埋严、施后浇水，或借墒追肥。

相比其他农作物，桔梗在栽培理论方面的研究还存在很大的差距，例如桔梗人工栽培中对桔梗生长发育所需的营养元素等方面的研究仍比较薄弱。在人工栽培中对桔梗生长所需的营养元素没有充分的考虑，忽视了桔梗的药用价值，片面的追求产量的提高而导致品质下降。多数研究结果充分证实桔梗对肥料的施用非常敏感，施肥技术是人工栽培桔梗非常重要的环节。肥料的合理配施能够显著地促进桔梗有效成分的积累，相反肥料配施的滥用会对桔梗体内有效成分积累产生不利的影响，进而影响桔梗的品质。研究表明，氮肥和磷肥对一年生桔梗产量和品质的影响要比钾肥的影响大，同时通过配方施肥的方法研究了桔梗根重与氮、磷、钾的相互关系，指出了磷肥比钾肥能更有效地提高桔梗产量。一年生桔梗在6月和10月对氮、磷、钾肥的需求量达到最高水平。这些研究比较充分地表明了不同肥料种类以及肥料配施对桔梗栽培的影响。但是这些研究没有依据土壤的肥力水平对施肥量给出具体的标准，因此研究的结果难以在桔梗人工栽培中示范推广使用。有文献总结了提高桔梗产量的一个重要因素，即“重视基肥施用、巧用追肥”，这也从侧面反映了合理使用配施肥料能够有效提高桔梗的产量和品质。

②浇水管理：桔梗不喜大水，无论直播法或育苗移栽法，一般生长过程中不旱不浇，生长期的桔梗具有较强的抗旱功能，因为根部有很多水分，所以一般天旱的时候也不容易被旱死。如果遇到持续干旱和高温，要进行沟灌，或床播的时候要大面积喷水，浇水就要浇透，如果不浇透，很容易滋生侧根，影响桔梗的产量、品质和价格。秋后浇一次水，翌年春季结合施肥浇水。雨季注意及时排水防涝，防止烂根。

（4）抹芽、打顶、除花、抗倒伏

①抹芽：移栽或二年生桔梗易发生多头生长现象，造成根杈多，影响产量和质量。故应在春季桔梗萌发后将多余枝芽抹去，每棵留主芽1～2个。

②打顶、除花：对二年生留种植株应在苗高15～20厘米时进行打顶，以增加果实的种子数和种子饱满度，提高种子产量。而一年生或二年生非留种用植株要全部除花摘蕾，以减少养分消耗，促进根的生长，提高根的产量。也可在盛花期喷0.075%～0.1%乙烯利，除花效果较好。

③抗倒伏：二年生桔梗植株高60～90厘米，在开花前易倒伏。防倒措施：当植株高15～20厘米时进行打顶；前期少施氮肥，控制茎秆生长；在5～6月喷施500倍液矮壮素，可使茎秆增粗，减少倒伏。

4．病虫害防治

（1）炭疽病　桔梗炭疽病的病原菌为半知菌亚门、腔孢纲、黑盘孢目、刺盘孢属真菌。主要危害桔梗茎秆基部，发病初期茎基部出现褐色斑点，逐渐扩大至茎秆四周，后期病部收缩，植株于病部折断倒伏，蔓延迅速，该病一般于7～8月高温多湿季节发病。

防治方法　秋后彻底清理田间，将残株、病叶清除出田外，集中烧毁和深埋，可减少病原菌数量；加强田间管理，合理密植，雨季注意排水，降低土壤湿度，可减轻病害的发生。播种前用40%福尔马林100～150倍液浸种10分钟，可消灭种子上的病原菌。发病初期喷1：1：100波尔多液，或50%甲基托布津可湿性粉剂800倍液，或50%代森锰锌500倍液，或50%多菌灵可湿性粉剂1000倍液，每7天喷1次，连续喷3～4次，有良好的防治效果。

（2）斑枯病　桔梗斑枯病的病原菌为半知菌亚门、腔孢纲、球壳孢目、壳针孢属桔梗多隔壳针孢。斑枯病危害叶片。发病初期，受害叶片两面产生直径2～5毫米白色圆形或近圆形病斑，病斑上面生有小黑点，即病原菌的分生孢子器，发生严重时，病斑融合成片，叶片枯死。

防治方法　秋季桔梗地上枯萎的叶片应彻底清理，减少菌源；雨季注意排水，降低土壤湿度；可通过磷肥、钾肥的增施，来增强植株抗病能力；创造适应桔梗生长、不利于斑枯病原菌蔓延的环境，能起到减轻病害发生的效果。发病初期用50%甲基托布津可湿性粉剂1000～1500倍液，或用50%多菌灵可湿性粉剂800～1000倍液，或用65%代森锌可湿性粉剂600倍液喷雾。每7～10天喷施1次，连续2～3次，即可达到良好的防害效果。

（3）枯萎病　桔梗枯萎病的病原菌为半知菌亚门、丝孢纲、丛梗孢目、镰刀属真菌。发病初期，茎基呈干腐状态，并且变褐色，病原菌通过茎秆逐渐向茎上部蔓延扩展，致使整株桔梗感染枯萎病，桔梗枯萎病可在高湿条件下，致使桔梗茎基部产生粉白色霉层，导致整株桔梗枯萎死亡。

防治方法　与禾本科作物进行轮作；在田间发现发病的桔梗植株应及时拔掉，而在拔出桔梗的病穴中及时用生石灰粉灭菌，并且把拔下的发病桔梗植株集中在一起烧毁，防止病原菌的蔓延；为了降低田间土壤的湿度，可在雨后及时排水；而在给桔梗苗除草时切忌碰伤根部，可通过此方法减轻桔梗的发病率。发病初期可用50%甲基托布津1000倍液喷雾防治，或用50%多菌灵可湿性粉剂800～1000倍液，喷药时除上部茎叶外茎的基部也要注意喷到，可连续喷2～3次，每次间隔7～10天。

（4）轮纹病　桔梗轮纹病的病原菌为子囊菌亚门真菌。主要危害叶部，叶上病斑近圆形或椭圆形，直径5～10毫米，灰褐色至暗褐色，具同心轮纹，多个病斑愈合后使病部扩大呈不规则形，或因干缩扭曲有三角形的突出部分，并长出许多黑色小粒，为病原菌的分生孢子器。发病严重时造成叶片干枯，影响产量。病原菌以病叶组织内的菌丝或分生孢子器在病斑上越冬，成为翌年的初次侵染源，生长期新病斑上产生分生孢子借风雨传播，不断引起再侵染，扩大危害。6月下旬开始发生，7～8月发病严重。

防治方法　增强植株抗病能力；注意排水，降低田间湿度可减轻发病。发病初期可用50%多菌灵500倍液，或50%甲基托布津1000～1500倍液，或65%代森锌可湿性粉剂600倍液，或50%万霜灵600倍液喷雾防治，每7～10天喷1次，连续喷2～3次。

（5）根腐病　桔梗根腐病病原菌为腐皮镰孢。多在夏季高温多雨季节发生，特别是在雨季田间积水发生较重时。

防治方法　初发病时在地面撒草木灰，或用生石灰、硫酸铜、水为1∶1∶100的波尔多液预防病害的发生蔓延。

（6）蚜虫　蚜虫类昆虫属于个体细小且柔软的植食性昆虫，种类繁多，如麦蚜、红花指管蚜、萝卜蚜、葱蚜、桃蚜等，体色分黑、黄、灰、绿、褐等多种，蚜虫常常几十头或者上百头聚集在桔梗的内茎叶上危害桔梗。蚜虫以刺吸式口器吸食桔梗茎叶的汁液，使桔梗茎叶萎缩、卷曲，不能正常开花结实，根部也不能增大，影响产量和质量，发生时要多加注意防治。

防治方法　桔梗园周边的杂草要彻底清除，这样可以有效地防止蚜虫潜入。在有桔梗栽培的地方安放黄色的可粘蚜虫的板子，主要利用蚜虫的趋黄性来诱杀绝大部分蚜虫。如桔梗上已有蚜虫，用25%吡虫啉悬浮剂800～1000倍液进行喷雾防治，或用50%敌马乳油2000倍液，或用25%灭蚜灵乳油500～1000倍液喷雾防治，每5～7天喷1次，多次连续喷洒，直至蚜虫全部杀灭为止。

（7）地老虎类　地老虎类是地下的主要害虫，为鳞翅目夜蛾科地老虎属昆虫的幼虫，其中1龄和2龄的低龄幼虫主要以啃食或咬断嫩茎，并且在幼嫩叶的桔梗苗上取食，严重危害桔梗苗，而3龄以后的大龄幼虫主要在夜晚出来活动危害桔梗，白天则在苗床的土里潜伏，常常通过将地面上的桔梗苗咬断，使得桔梗毁苗或者缺苗，直接对大田的桔梗移栽造成严重影响。

防治方法　在农业防治上，为减少地老虎类的幼小虫体，消灭来年的虫源，可以通过机械翻耕或者运用人力翻耕；还可以通过中耕除草，以此来破坏地老虎类的羽化条件和孵化条件，使得地老虎不能繁殖。在物理防治上，通过安装电灯和黑光灯来诱杀地老虎类的害虫，其主要利用地老虎类害虫的趋光性；还可以将白酒、红糖、醋、水按1∶3∶3∶10的比例制成糖醋水溶液，并加入总量为上述水溶液总量0.1%的5%二嗪磷乳油，将上述溶液装入诱蛾钵中，并且将诱蛾钵安放在高于桔梗苗30厘米的支架上，用此方法来诱杀地老虎类害虫，并且每天清晨把诱蛾钵中的死蛾挑出来，用盖子把诱蛾钵盖好，而晚上再把诱蛾钵上的盖子取下，诱蛾钵里的溶液每5～7天更换1次，并将诱蛾钵放置密度为每公顷2个，连续诱杀20～30天。在药剂防治上，可在每公顷450～600千克细土中掺入5%二嗪磷粉剂，每公顷15.0～22.5千克，在春季播种翻犁土地时，将上述配好的土均匀地撒在翻犁的土中，通过此方法可以杀灭越冬地老虎类的幼虫；也可在12.5～15.0千克细土上拌500克加适量水稀释的50%辛硫磷乳油，搅拌均匀，即为毒土，在播种时，将其撒入穴内和沟内，可防止地老虎类害虫咬食桔梗幼芽；若桔梗出苗，则可在桔梗苗周围施撒适量的毒土，通过此方法可杀害在夜间出土的地老虎类的幼虫；或者在桔梗苗床上用50%辛硫磷乳油2000倍液或用50%辛硫磷乳油1000倍液进行喷雾，以此来杀灭地老虎类害虫。

随着人工栽培种植面积的扩大，桔梗病虫害以及田间杂草时有发生。除上述主要病虫害之外，桔梗生长中还常发生根线虫病、紫纹羽病等，其防治方法许多文献均有报道，同时，有关草害发生的现象也有报道。因此，在生产上往往过分追求产量效益而不注重质量，不规范使用农药不仅造成环境的污染，同时难以保障桔梗的品质。所以，在生产中要控制桔梗中有毒有害物质及农残的含量。

目前，粮食作物、鲜食果蔬等农副产品的生产已使用无公害和绿色食品标准，有的甚至使用有机食品标准。所以，桔梗等药用植物的栽培也要形成绿色生产模式，产品也要求是“绿色中药材”。无论从中医药还是中药现代化发展来看，中药材的无公害化生产都是正确的选择。

五、采收加工

1. 采收

桔梗根部入药或食用。药用根2～3年收获，一般在封冻前起收；食用根一年生也可以采收，春季、秋季均可。以秋季采者体重质实，质量较好。采收时，先将茎叶割去，从地一端起挖，依次深挖取出，或用犁翻起，将根拾出，去净泥土，运回加工。在地上茎叶枯萎时采挖，过早采挖根部尚未充实，折干率低，影响产量；过迟收获，不易剥皮。切忌挖断主根，防止腐烂。建议采用机械作业。

通过采用RP-HPLC法分析不同季节采收桔梗的品质，结果显示秋季采收的最佳；在研究桔梗生长年限和采收期与质量的相关性时也指出，桔梗2年收获为最佳，并且指出在9月下旬至10月中旬采收的桔梗质量最佳。同样，在研究桔梗采收期综合评价体系时指出，一年生收获的桔梗不仅产量远低于二年生收获的，而且有效成分的含量比二年生的要低50%。二年生与三年生桔梗比较，三年的产量略微增加，而有效成分的含量没有明显增加。研究同时也指出桔梗的最佳采收期与栽培品种、栽培管理方法、栽培产地的气候环境有密切的关联，因此在人工栽培过程中应综合考虑这些因素。

2. 加工

《中国药典》2020年版方法：春、秋二季采挖，洗净，除去须根，趁鲜剥去外皮或不去外皮，干燥。《全国中药炮制规范》(1988年)在来源项中则明确规定应除去须根，趁鲜刮去外皮。在生产实践中，桔梗起收时，割去桔梗苗，挖出根部，采挖时不要伤根，以免汁液外流，洗净泥土，去掉芦头。药用根多为原皮桔梗根，即洗净泥土直接晒干或烘干的带皮桔梗根。食用根刮去表皮晒干或烘干，目的是为了使干品色白，减小苦味。一年生不用去皮，因其表皮白嫩，苦味小，洗后直接干燥即可。若桔梗收回太多加工不完，可装在袋子里用沙埋起来，防止外皮干燥收缩不便于去皮。待去皮、洗净之后，放在太阳底下暴晒，3～4天就可晒干。之后放在干燥通风处储藏，注意防止虫蛀。建议机械脱皮烘干。每亩可产干货300～400千克，高产者达600千克。

药用桔梗是否有必要除去须根，是否刮皮，对于规范桔梗的产地加工工艺是一个关键性的问题。我国学者采用溶血指数法测定带皮桔梗、去皮桔梗、桔梗皮及桔梗的韧皮部、木质部，结果表明：①带皮桔梗和去皮桔梗的皂苷含量相近，或带皮桔梗略多；桔梗皮的皂苷含量不少于桔梗的其他部位；桔梗的木质部含皂苷量甚微。②采用家兔酚红气管排泄法比较带皮桔梗水煎液和去皮桔梗水煎液，结果表明带皮桔梗有显著的祛痰作用，与去皮桔梗相当或略强。③安全试验表明，带皮桔梗没有明显的毒性反应，临床应用带皮桔梗饮片，也未见不良反应。④认为加工可不必去外皮，可趁鲜切片后干燥。因此有学者认为药用桔梗加工，可以不刮皮，不去须根，以提高药材质量，减少药材浪费，同时可以减少劳动力投资，降低生产成本。但是溶血指数法进行桔梗皂苷的含量测定时，并不是所有皂苷都能破坏红细胞而产生溶血现象，所以得到的结果是样品中所含皂苷的粗略含量，有一定参考价值，但是不够精确。需要注意的是，桔梗皮要趁鲜刮净，时间长了，根皮就难刮掉。刮皮后应及时晒干，否则易生霉变质，或出现黄色的水锈。

六、药典标准

1. 药材性状

本品呈圆柱形或略呈纺锤形，下部渐细，有的有分枝，略扭曲，长7～20厘米，直径0.7～2厘米。表面淡黄白色至黄色，不去外皮者表面黄棕色至灰棕色，具纵扭皱沟，并有横长的皮孔样斑痕及支根痕，上部有横纹。有的顶端有较短的根茎或不明显，其上有数个半月形茎痕。质脆，断面不平坦，形成层环棕色，皮部黄白色，有裂隙，木部淡黄色。气微，味微甜后苦。（图2）

图2　桔梗药材

2. 显微鉴别

本品横切面：木栓细胞有时残存，不去外皮者有木栓层，细胞中含草酸钙小棱晶。栓内层窄。韧皮部乳管群散在，乳管壁略厚，内含微细颗粒状黄棕色物。形成层成环。木质部导管单个散在或数个相聚，呈放射状排列。薄壁细胞含菊糖。

3. 检查

（1）水分　不得过15.0%。

（2）总灰分　不得过6.0%。

4. 浸出物

照醇溶性浸出物测定法项下的热浸法测定，用乙醇作溶剂，不得少于17.0%。

七、仓储运输

1. 仓储

桔梗应贮于干燥通风处，温度在30℃以下，相对湿度70%～75%，商品安全水分为11%～13%。本品易虫蛀、发霉、变色、泛油。久贮颜色易变深，甚至表面有油状物渗出。注意防潮，吸潮易发霉。害虫多藏匿内部蛀蚀。贮藏期间应定期检查，发现吸潮或轻度霉变、虫蛀，要及时晾晒，并用磷化铝熏杀。气调养护，效果更佳。

2. 运输

运输工具或容器应具有较好的通气性，以保持干燥，应有防潮措施，并尽可能缩短运输时间。同时不与其他有毒、有害药材混装。

八、药材规格等级

桔梗质量以根条肥大、色白或略带微黄、体实、具菊花纹者为佳。桔梗规格曾分有顶王、正王、副王、长条、二面、统梗等规格等级。现行桔梗规格等级标准如下。

1. 南桔梗

（1）一等　干货。呈顺直的长条形，去净粗皮及细梢，表面白色，体坚实。断面皮层白色，中间淡黄色。味甘苦、辛，上部直径1.4厘米以上，长14厘米以上。无杂质、虫蛀、霉变。

（2）二等　干货。呈顺直的长条形，去净粗皮及细梢，表面白色，体坚实。断面皮层白色，中间淡黄色。味甘苦、辛。上部直径1厘米以上，长12厘米以上。无杂质、虫蛀、霉变。

（3）三等　干货。呈顺直的长条形，去净粗皮及细梢，表面白色，体坚实。断面皮层白色，中间淡黄色，味甘苦、辛。上部直径不小于0.5厘米，长度不少于7厘米。无杂质、虫蛀、霉变。

2. 北桔梗

统货　干货。呈纺锤形或圆柱形，多细长、弯曲，有分枝。去净粗皮。表面白色或淡黄白色，体松泡，断面皮层白色，中间淡黄白色。味甘，大小长短不分，上部直径不小于0.5厘米。无杂质、虫蛀、霉变。

九、药用食用价值

1. 临床常用

（1）用于呼吸系统疾病的治疗　感冒，是由外邪侵袭，卫阳被遏，腠理闭合，或营卫被郁，经脉不利，致肺失宣降、卫表不和所致。肺脏娇嫩，不耐寒热，易受外邪侵袭而致病。桔梗性辛温入肺，为肺经的引经药，既宣利肺气以复肺气之升降，又宣发卫阳于体表以温养肌肤腠理，从而驱邪外出。肺失宣降，肺气上逆可致咳嗽痰多。邪袭卫表，热毒壅滞，气滞血瘀，血败肉腐致肺痈，桔梗入肺而宣肺排脓。《金匮要略》载："桔梗汤，治肺痈、咳而胸满、振寒脉数、咽干不渴、时出浊唾腥臭、久久吐脓如米粥者。"桔梗能对硅沉着病患者起到一定的积极的治疗作用。

此外，桔梗尚可用于肺梗阻、支气管扩张、肺结核、肺心病、顽固性喑哑等呼吸系统疾病的治疗。

（2）用于心血管系统疾病的治疗　胸痹心痛，是由寒凝心脉、气血不畅、心脉瘀阻所致，桔梗辛散能行，引药上行达血府，入血则行血，宣调肺气，然肺朝百脉，助心行血，故桔梗通过治理调节肺之血运从而促进心血的运行。《本草崇原》载："桔梗辛、苦、平，善行上焦，而能治上焦之胸痛。"《伤寒论集注》载："桔梗开胸胁之痹闭而宣通宗气肺气者也。"血府逐瘀汤（《医林改错》）主治胸中血瘀证，方中用桔梗"主治胸胁痛如刀刺"，配伍枳实、牛膝、柴胡，辛升苦降，宽胸行气，理气分之郁结，行血分之瘀滞，使得气行则血行。《太平圣惠方》载："桔梗散治急胸胁虚气所致胀闷疼痛。"另外，桔梗尚可用于心悸的治疗，《本草崇原》又载："惊恐悸气，少阴病也。心虚则惊，肾虚则恐，心肾皆虚则悸。桔梗得少阴之火化，故治惊恐悸气。"天王补心丹（《校注妇人良方》）主治阴虚血少，神志不安之证，方中桔梗为舟楫之药，载药上行，使药力缓行于上位心经，具镇魂魄、安心神之功。现代研究证明麻醉犬动脉内注射桔梗皂苷100～400微克，能显著降低后肢血管和冠状动脉的阻力，增加其血流，其扩张血管作用优于罂粟碱。

（3）用于脾胃疾病的治疗　胃痛，是由胃气阻滞、胃络瘀阻、不通则痛所致。桔梗开宣肺气，利肠胃气机，从而使六腑之气畅。《日华子本草》载："桔梗下一切气，止心腹胀痛。"《太平惠民和剂局方》载："铁刷汤，治胃气不和，心腹疼痛，饮酒过度，呕哕恶心，脾痛翻胃，内感风冷，肠鸣泄泻；妇人血气刺痛，并皆治之，”方中桔梗用量最大，具理气和胃止痛之功。胃肠燥热，灼伤大肠之津，肠失濡润，腑气不通，大便秘结，桔梗开肺气以利大肠之气。黄龙汤中用大承气汤配伍桔梗，由于肺与大肠相表里，欲通胃肠之气，必先开宣肺气，方中桔梗与通腑泄浊之药配伍，上下宣通，以降为主，用于脾胃虚弱，纳运失职，水谷不化，清浊不分，肠鸣泄泻。《本草求真》载：“桔梗味苦气平，质浮色白，系开提肺气之剂至于至高之分成功。俾清气既得上升，则浊气自克下降，降气之说，理根于是。”《本草经解》载：“桔梗辛以益肺，肺通调水道，则湿热行而肠鸣自止。”参苓白术散（《太平惠民和剂局方》）主治脾虚湿盛证，方中配伍桔梗宣利肺气，通调水道，载药上行，培土生金。《太平圣惠方》载：“桔梗散治腹胀肠鸣切痛”。桔梗与芍药配伍可治痢疾腹痛。《本草思辨录》载：“惟桔梗是治肺气之郁于大肠，散而上行。”此外，桔梗尚可用于腹痛、呕吐等病的治疗。

（4）用于肝胆疾病的治疗　胁痛多由肝气郁滞、气滞血瘀、湿热郁蒸致肝络失和所致。桔梗开肺气，此功有二，一者气机宣通，有利于肝气的条达舒畅；二者气机调畅，气行则血行，气行则湿。桔梗汤以桔梗配伍细辛、桂枝开肝郁，治邪热客于肝经，气逆烦躁，面青多怒，怒已胁痛。紫菀丸治两胁连心及肩痛，紫菀开肺气以达肝郁，桔梗开肺气以利气机。《本草经解》载：“桔梗气微温，秉天初春稚阳之木气，入足少阳胆经……胆为中正之官，胆者担也，胆气伤则不能担当而惊恐悸矣，桔梗辛温，则扶苏条达，遂其生发之性，复其果敢之职，而惊恐自平也。”另外，桔梗水提物能保护由乙酰氨基酚引起的肝损伤，这与其阻断肝药酶对乙酰氨基酚的生物激活密切相关。

（5）用于泌尿系统疾病的治疗　水肿系肺失通调，脾失健运，肾失蒸化，三焦通调不利导致水湿内停，泛溢肌肤。桔梗宣利肺气，通调水道，复脾之运化，助肾之蒸化，利三焦气化。消水肿归气饮子（《普济方》）用桔梗配伍苏叶、大腹皮、川木通治疗四肢肿大。分气补方（《医方集成》）用桔梗配伍白术、大腹皮、香附、茯苓治疗遍体浮肿。红豆散（《危氏方》）用桔梗配伍丁香、木香、砂仁等治疗身肿皮紧。中军候黑丸（《备急千金要方》）用桔梗配伍芫花、巴豆、杏仁等治疗水肿从头面至脚肿。癃闭为三焦气化不利，或尿路阻塞，导致肾和膀胱气化失司。根据“上窍开则下窍自通”的中医理论，用开提肺气法（即提壶揭盖法），开上以通下的方法治疗。桔梗开提宣通，源清流自洁，利膀胱之气化，故小便自利，适用于癃闭的治疗。

（6）用于肢体经络病证的治疗　痹证是由正气不足，外邪侵袭所致经络气血运行不畅，痹阻不通。桔梗辛温以散寒，行气以活血。《本草经疏》载：“除寒热风痹”。《名医别录》载：“利五脏肠胃，补血气，除寒热、风痹，温中消谷，疗喉咽痛。”桔梗可用于治疗伤科的跌打损伤、瘀滞肿痛等，趁痛散（《永类钤方》）用川独活、五灵脂、桔梗等。桔梗散（《普济方》）用桔梗一味药研粉治疗被打击，瘀血在腹。闪痛煎（《仙拈集》）药用枳壳、桔梗、乌药等治闪挫腰痛。桔梗汤（《外科补要》）用桔梗、红花、苏木等治跌仆跌伤，大小便不通。现代药理研究证实桔梗对小鼠乙酸扭体反应及压尾法呈镇痛作用。

桔梗是临床常用的一味中药，广泛应用于内科、外科、妇科、儿科疾病的治疗。桔梗专入肺经，兼入心、胃、脾、肝、胆经，为舟楫之剂，具开提肺气、载药上行之特点。今后可进一步加强桔梗药理作用研究，通过合理的配伍更好地发挥其临床治疗效果。

2. 食疗及保健

桔梗除了作为药用外，还可以食用。桔梗中含有丰富的营养，在我国东北地区及日本、韩国、朝鲜等国家作为食用蔬菜十分普遍。桔梗根制成的咸菜是朝鲜族的特色食品和传统食品。韩国人素有食用鲜桔梗的习惯，方法是刮去鲜根外皮，将根撕成细条，然后用调料做成凉拌菜，也有的制成酱菜。目前桔梗销量大的主要原因也是因为被食用，鲜桔梗大量出口韩国和日本而致。韩国超市常有小包装的保鲜桔梗或冷藏桔梗出售。

桔梗的幼嫩茎叶也是一种山野菜，炒食、做汤、凉拌均可。此外，桔梗还可供酿酒用，也可用来制粉，做袋泡茶、罐头、保健饮料、蜜饯、菜丝、面条等食品和饮料。

桔梗中的花色苷稳定性良好，水溶性好，含量高，具有抗氧化、消除自由基、降低血液中的胆固醇含量、抗肿瘤、抗突变等生理活性作用，可以用做食品饮料等产品的天然食用色素。

近十几年来，随着社会经济的发展、科技的进步以及生物学和医药学的发展，与之相适应的人类疾病谱、医学模式和医疗模式也正发生重大转变。人类对健康的认识不断刷新，对健康的追求日益增强，人们已经逐渐意识到传统医药，特别是中医药的保健理念、医疗实践的有效性与现代医学的结合将可能为人类提供医疗卫生保健新模式；健康饮食将会成为新的消费潮流，功能性食品（健康食品、保健食品）在世界各国会成为一个新的热点。这促使中药开发应用的范围越来越广泛，迅速增加的市场需求将为包括中医药等传统医药提供巨大的市场发展空间。

近年来，我国的桔梗大量出口，致使桔梗价格大幅度上涨。桔梗可药食两用，是一种很具开发潜力的常用食品和药品。但是目前桔梗的研究多集中在含量以及活性等方面，对于桔梗的临床应用方面的研究还不够深入。因此，将桔梗的生物活性研究与临床应用研究相结合，通过科学研究探讨桔梗活性成分在临床的新疗效，将会有助于桔梗资源在保健食品和药品的开发和利用，拓展桔梗的发展空间。

目前，在生产上使用的桔梗主要存在种质资源混杂、抗病性欠佳以及其产品商品性低下等问题，这严重制约着其产业化发展。与其他主要农作物栽培学的发展相比，桔梗药用植物栽培学依然处于落后的阶段。因此，应加快桔梗种质资源的收集与创新，解决生产中种质资源混杂的问题，同时加快栽培理论的研究，彻底改变粗放栽培问题，破解制约桔梗等中药材发展的难题，为桔梗中药材的产业发展提供基础。

参考文献

[1] 于妮娜，孙响波，潘月丽．桔梗临床应用探源[J]．辽宁中医药大学学报，2016，16（3）：161-162.

[2] 蒋娜，苗明三．桔梗现代研究及应用特点分析[J]．中医学报，2015，30（2）：260-262.

[3] 宋健，包华音，王颖，等．桔梗生长年限和采收期与质量的相关性研究[J]．齐鲁药事，2011，30（6）：313-315.

[4] 叶胜明，黄力．亳州桔梗最适采收期的综合评价体系探讨[J]．皖西学院学报，2013，29（2）：76-78.

bai xian pi 白鲜皮

本品为芸香科植物白鲜*Dictamnus dasycarpus* Turcz.的干燥根皮。

一、植物特征

为茎基部木质化的多年生宿根草本，高40～100厘米。根斜生，肉质粗长，淡黄白色。茎直立，幼嫩部分密被长毛及水泡状凸起的油点。叶有小叶9～13片，小叶对生，无柄，位于顶端的一片则具长柄，椭圆至长圆形，长3～12厘米，宽1～5厘米，生于叶轴上部的较大，叶缘有细锯齿，叶脉不甚明显，中脉被毛，成长叶的毛逐渐脱落；叶轴有甚狭窄的冀叶。总状花序长可达30cm；花梗长1～1.5厘米；苞片狭披针形；萼片长6～8毫米，宽2～3毫米；花瓣白带淡紫红色或粉红带深紫红色脉纹，倒披针形，长2～2.5厘米，宽5～8毫米；雄蕊伸出于花瓣外；萼片及花瓣均密生透明油点。成熟的果（蓇葖）沿腹缝线开裂为5个分果瓣，每分果瓣又深裂为2小瓣，瓣的顶角短尖，内果皮蜡黄色，有光泽，每分果瓣有种子2～3粒；种子阔卵形或近圆球形，长3～4毫米，厚约3毫米，光滑。花期5月，果期8～9月。（图1）

图1　白鲜

二、资源分布概况

主要分布于黑龙江、吉林、辽宁、内蒙古、河北、山东、河南、山西、宁夏、甘肃、陕西、新疆、安徽、江苏、江西（北部）、四川等地。

现在吉林为主产区，主产于柳河、吉林、四平、通化、白山辽源、延边等地。

三、生长习性

野生白鲜大多生于海拔200～900米、向阳的山坡、林缘以及低矮灌丛中。其适应性较强，喜温暖湿润气候，耐严寒，耐干旱，不耐涝。

分布于吉林省的白鲜，株高在50厘米以上，全株有特殊的类似羊奶气味的刺激香味。

四、栽培技术

1. 种子前处理

白鲜种子种胚在母株上就开始发育，自然成熟的种子，胚的各部位已经发育完全；完整种子10小时后吸水率达到44.09%，满足萌发的生理需求，种皮不存在吸水障碍，但种皮、种胚内存在抑制白鲜种子萌发的物质。因此，白鲜种子的休眠属于生理休眠。GA100mg/L处理时发芽率最高为11.25%；50mg/L加低温层积处理的种子，可以提高发芽率30%，缩短层积时间2周，层积时间延长发芽率提高。野生白鲜种子活力较低，再生能力较差。白鲜的种子有生理后熟特点，播种当年仅起到催芽作用，如要求播种当年出苗需对种子进行“层积处理”完成胚胎后熟。方法是将种子放在容器中，倒入清水没过种子，浸泡12～24小时后捞出控干，用细沙按沙子与种子3：1的比例搅拌均匀，装入无纺布袋中，选择排水良好的地方挖坑，将种子埋起来，或放入冷库、冰箱中，经过一个冬季的低温冷冻，第2年春季播种前取出来逐渐变温，解除种子休眠，使正常发芽。

2. 选地与整地

（1）选地　育苗地应选择阳光充足、土质肥沃疏松、排水良好的砂质壤土平地或缓坡地，低洼易涝、盐碱地或重黏土地不适宜，最好应有排灌条件。前茬以薯类、小麦、水稻、玉米、豆类等作物为宜。移栽地应选缓坡地，要注意排水良好，山区可以利用阳光充足的山坡地；平原以排水良好的砂质壤土为好。

（2）整地　深翻地25～30厘米，同时根据肥力情况每亩施足够的有机肥，15～25千克复合肥（含磷、钾高的）。土块打碎、打细后做床，床宽1.2～1.3米，高15～20厘米，床面搂平耙细，镇压；直播田也可以起60～65厘米大垄，镇压平实。

3. 播种

白鲜主要用种子繁殖，可以采用先集中育苗移栽或直播的方式，育苗移栽可在生长1～2年再进行分栽；还可以采用分割芽头移栽的办法，但成活率比较低。

白鲜种子采收后晾晒5～7天，放在阴凉通风处贮存，也可以随采随播，10月上旬至11

月初，进行秋季播种，如果不能秋季播种，将种子放在室外进行低温冷冻，翌年春季4月中旬至5月上旬播种。

（1）秋季播种　秋季播种在9月下旬至10月初进行，第2年春季可以发芽，出苗早、苗齐。育苗播种时搂平床面，按行距12～15厘米开沟，沟深4～5厘米，踩好底格，将种子同细沙一起播到沟内，盖土1厘米；也可以采用散播的方式，每亩播种量7.5～10千克。盖土后床面稍加镇压，有条件的床面盖一层油松、红松或马尾松的落叶、稻草，稻草要整草散乱、覆盖1厘米左右厚度或其他覆盖物保湿，覆盖后要用磙子镇压浇透水，风不易刮走，更有利出苗。出苗前使表土层始终保持湿润状态，遇春季干旱需及时浇水。

（2）春季播种　春季播种一般在4月下旬至5月中旬。播时将经过“层积处理”已发芽的种子均匀撒播在做好的床面上，或按行距12～15厘米开沟，沟深4～5厘米，踩好底格，将种子同细沙一起播到沟内，盖土1厘米，然后覆盖细土，再覆盖松针、稻草，与秋季播种相同。出苗前使表土层始终保持湿润状态，遇春季干旱需及时浇水。

（3）苗期管理　秋季播种比春季播种出苗稍早些，春季播种后10～15天出苗。待幼苗长出3～4枚叶片时开始除草，杂草长出2片真叶时，要尽快拔掉；如果杂草过大，拔草时容易将种子或小苗带出来。幼苗生长期田间除草要及时，整个育苗期至少除草3～4次。育苗地在播前已施足底肥，苗期不用再追肥。白鲜耐寒，可自然越冬。

（4）大田移栽　选地势高燥、向阳、排水良好、土层深厚、富含腐殖质的中性或微酸性砂质壤土或壤土做床。施肥，根据土地的肥力程度不同使用有机肥。采用大垄高床技术，床宽1.2～1.3厘米，长度视土地的情况而定，床高15～20厘米。白鲜皮幼苗生长1～2年，在秋季地上部分枯萎后或翌年春季返青前移栽。将苗床内幼苗全部挖出，按大小分类，分别栽植。秋季栽植在10月初至10月中下旬，春季栽植在4月中下旬至5月中旬，种苗萌芽时进行。移栽时先从床的一端开始，用铁锹横向挖出移栽沟，或开3趟纵向移栽沟，移栽沟宽15～20厘米，深度根据种苗的大小决定。将种苗顶芽向上摆在移栽沟内，使苗根舒展开，顶芽要低于床面1～2厘米，株距25～30厘米。摆好后覆土，厚度以盖过顶芽3厘米左右为宜。盖后踩实，干旱时栽后要浇透水。覆土过深出苗困难，过浅容易倒伏。然后按30～40厘米行距挖另一个移栽槽进行移栽，栽完一床后将床面整平、稍加镇压，贴好床帮，规整好床的两个端头。

白鲜起苗移栽时尽量减少损伤，因为白鲜的伤口不易愈合，会大大降低成活率；白鲜根水分含量少，不宜存放时间过长或长途运输，也会降低成活率。成活后的苗须根生长势旺，主根和侧根生长缓慢或不明显，延长采收年限。为了提高白鲜移栽的成活率可以采用根苗药剂包浆处理法。

4. 田间管理

（1）育苗田　白鲜育苗田出苗时应逐次将床面的覆盖物除去，生长期内要经常除草松土，雨季应做好田间排水。二年生苗在生长盛期适当追施氮磷肥，也可进行叶面喷肥（生物菌剂以及微量元素类）2～3次。秋季地上部分枯萎之后，除去残存茎叶，向床面盖土2～3厘米，以利幼苗越冬。（图2）

图2　白鲜育苗田

（2）移栽田　田间管理主要是除草和施肥。

①除草：移栽后一般30～40天出土，白鲜移栽田要经常松土除草，每次除草后要向茎基部培土，防止幼根露出地表。移栽后的1～2年，必须及时清除杂草，本着见草就除的原则，每年至少要除草2～3次。白鲜的叶子有毒，而且生长年份越长毒性越大，对人的皮肤有刺激性，除草时最好穿长袖衣服，防止外露的皮肤接触白鲜的叶子，引起皮肤红肿瘙痒。3年后的白鲜植株长得已经比较高了，杂草对植株的影响相对减小，也就不用经常除草了。

②追肥：5月上旬和6月下旬追肥两次，每亩追有机肥100千克，或每亩追施尿素8～10千克。立秋以后是白鲜根茎的主要生长期，可再追施一次叶面肥，用喷雾器叶面喷施0.3%～0.5%的磷酸二氢钾等促进根部生长的叶肥，起到促根壮株的作用，能够增加产量。

③灌水与排水：若遇干旱要及时浇水，保持土壤湿润，7～8月份高温多雨季节做好排水工作，防止田间积水造成烂根死苗，降低产量和品质。

④摘花去蕾：每年的5～6月白鲜开始开花，对于不留种子的植株，为促使根系发育，增加根重，在孕蕾初期和开花期要摘掉花蕾和花，摘蕾时注意不要伤害茎叶。8月下旬叶子开始枯黄，但根茎仍继续生长，直到植株完全枯萎。秋季枯萎后，及时割去茎叶，白鲜耐寒、耐旱，冬季不用进行特殊处理。有条件的可在白鲜床面盖土或盖生物菌肥，有利于根部越冬和第2年植株生长。

5. 病虫害防治

（1）灰斑病　灰斑病为近年来人工种植区新发生的主要的真菌性病害之一，普遍危害严重，后期导致叶片黄化和脱落，严重影响白鲜皮的产量。白鲜灰斑病发病时主要侵染叶片，严重时叶可侵染叶柄。发病初期产生黄褐色小斑点，逐渐扩展为直径1.2～17.6毫米椭圆形或多角形的灰褐色病斑，有黄色晕圈，病斑上具深褐色针尖大小的粒状物。发病严重时，病斑相互合成不规则大斑，明显受叶脉限制形成多角形，后期导致黄化，提早落叶。

病原为白鲜拟尾孢，属于子囊菌无性型，拟尾孢属；以分生孢子在田间病残体或土壤中越冬，成为翌年初侵染源，条件适宜时分生孢子随气流或雨水传播和再侵染。一般在东北地区7月初开始发病，8月温湿度适宜时达到高发期。

防治方法　发病前或发病初期及时进行药剂防治：可喷施70%甲基硫菌灵可湿性粉剂800倍液，或75%百菌清可湿性粉剂500倍液，7～10天1次，喷2～3次；50%多菌可湿性粉剂或70%甲基托布津，每亩100～150克兑水稀释成1000倍液；2.5%溴氰菊酯乳油（每亩40毫升）与50%多菌灵可湿性粉剂1000倍液（每亩100克）混合喷施。另外注意控制湿度。

（2）霜霉病　霜霉病通常在5月开始发病，是一种真菌性病害，多发生在白鲜叶部。发病时，叶初生褐色斑点，渐在叶背产生1层霜霉状物，使叶片枯死。

防治方法　可用40%乙膦铝可湿性粉剂200倍液，或甲基托布津800倍液。如甲霜灵锰锌、瑞毒霉锰锌、烯酰锰锌也同样有效。

（3）菌核病　菌核病通常在5月中旬发病，危害茎基部，初呈黄褐色或深褐色的水渍状梭形病斑，严重时茎基腐烂，地上部位倒伏枯萎，土表可见菌丝及菌核。

防治方法　可用3%菌核利或1：3石灰和草木炭混合后撒入畦面。

（4）锈病　锈病通常在5月上中旬发病，初期叶现黄绿色病斑，后变黄褐色，叶背或茎上病斑隆起，散出锈色粉末。

防治方法　可用60%代森锌可湿性粉剂500倍液喷施，或用25%粉锈宁可湿性粉剂1000倍液喷施。秋季末到次年白鲜萌芽前，在清扫田园剪病枝后再施药预防，可喷2～5度石硫合剂，或45%结晶石硫合剂100～150倍液，或五氯酚钠200～300倍液，或五氯酚钠加石硫合剂混合液（配置时先将五氯酚钠加200～300倍水稀释，再慢慢倒入石硫合剂液中，边倒边充分搅拌，调成波美度2～3度药液，不能将五氯酚钠粉不加水稀释就加入石硫合剂中，以免产生沉淀）。

（5）白绢病　此病主要发生在植株近地面的茎基部，产生褐色软腐，白色绢状的菌丝布满在患病部位，并在土表蔓延。以后部分菌丝纠结成菌核，菌核初为白色，后转黄色、红褐色到深褐色，大小如油菜籽。严重时整株被害，容易拔起。

防治方法　药剂防治主要采用50%多菌灵600倍液或50%速克灵1500倍液浇灌病穴；50%脱克松可湿性粉剂1000倍；50%福多宁可湿性粉剂3000倍液；75%灭普宁可湿性粉剂1000倍（药液应喷及栽培基质，喷药后应停止喷水5～7天）。发现白绢病后应将病叶、病株及附近植材搬走烧毁，附近植株则要立刻喷施防治药剂3次以上。可进行合理轮作，发病初期及时清理病株。注意保持田地卫生，及时清除病残体，入冬前清园，收集病残体烧毁，减少越冬病原基数。加强栽培管理，提高植株抗病性，合理密植，注意通风透气。科学肥水管理，增施磷钾肥或有机生物菌肥，提高植株抗病能力，适时浇水，雨后及时排水，防止田间湿气滞留。

（6）虫害　虫害主要是黄凤蝶，6～8月份偶有少量黄凤蝶幼虫咬食茎叶，幼虫食叶和花蕾成缺刻或孔洞，受害严重时，仅剩下花梗和叶柄。虫害还有地老虎，危害幼苗及块茎；另有蝼蛄、金龟子幼虫、种蝇。

防治方法　可以撒施5%二嗪磷，5～7天1次或喷低毒、无残留生物农药。还可以人工捕杀，或通过毒饵、灯光诱捕，并及时彻底清除田间、田边的杂草、枯枝、落叶、残株。

五、采收加工

1. 采收

白鲜皮，人工种植需要6～8年，移栽的需要5～6年，收获一般在10月中下旬，这时大多数白鲜皮已停止生长，植株地上部分枯萎凋零后或翌年春季返青前采收药用根部，春季、秋季皆可采挖，以秋季采收为好。

2. 加工

人工或机械先割去地上茎叶，选雨后晴天、土壤稍干时，从苗床一端开始用机械或人工将根全部挖出，去掉泥土及残茎，洗净，放阳光下晾晒。晒至半干时除去须根，然后，用木棒砸根茎，把根茎的外皮砸裂开，也可以用机器扒芯，将根抽去中间硬芯也就是木质部分，除去五花头，再晒至全干后入库备用。成品为灰白色，2.8～3.3千克鲜根可晒后得干品1千克，亩产干品300～400千克。

3. 留种

留种田应选生长4年以上的健壮植株，平时应加强管理，花期增施磷钾肥，雨季注意排水。种子在7月中旬开始成熟，要随熟随采；或套袋方法，防止果瓣自然开裂，使种子落地。果实绿色开始变为红黄色、果瓣即将开裂时即可采取。每天上午10点前趁潮湿时将果子剪下，放阳光下晾晒，上面盖一透明塑料布，以防止种子弹到他处。果实全部晒干开裂后再用木棒拍打，机械风选除去果皮及杂质，将种子贮存或秋季播种。

六、药典标准

1. 药材性状

本品呈卷筒状，长5～15厘米，直径1～2厘米，厚0.2～0.5厘米。外表面灰白色或淡灰黄色，具细纵皱纹和细根痕，常有突起的颗粒状小点；内表面类白色，有细纵纹。质脆，折断时有粉尘飞扬，断面不平坦，略呈层片状，剥去外层，迎光可见闪烁的小亮点。有羊膻气，味微苦。（图3）

图3　白鲜药材

2. 显微鉴别

本品横切面：木栓层为10余列细胞。栓内层狭窄，纤维多单个散在，黄色，直径

25～100微米，壁厚，层纹明显。韧皮部宽广，射线宽1～3列细胞；纤维单个散在。薄壁组织中有多数草酸钙簇晶，直径5～30微米。

3. 检查

水分　不得过14.0%。

4. 浸出物

照水溶性浸出物测定法项下的冷浸法测定，不得少于20.0%。

七、仓储运输

1. 仓储

药材入库前应详细检查有无虫蛀、发霉等情况。凡有问题的包件都应进行适当处理；经常检查，保证库房干燥、清洁、通风；堆垛层不能太高，要注意外界温度、湿度的变化，及时采取有效措施调节室内温度和湿度。要贮藏于通风干燥处，温度30℃以下，相对湿度60%～75%，商品安全含水量10%～13%。

2. 运输

运输工具或容器应具有较好的通气性，以保持干燥，应有防潮措施，并尽可能缩短运输时间。同时不与其他有毒、有害药材混装。

八、药材规格等级

白鲜皮均为统货，不分等级。

九、药用价值

临床常用

（1）治肺藏风热，毒气攻皮肤瘙痒，胸膈不利，时发烦躁　白鲜皮、防风（去叉）、人参、知母（焙）、沙参各50克，黄芩（去黑心）1.5克。上六味捣罗为散。每服10克，水一盏，煎至六分，温服，食后临卧。

（2）治痫黄　白鲜皮、茵陈蒿各等分。水二钟煎服，日二服。

（3）治鼠疫已有核，脓血出者　白鲜皮，煮服一升。

（4）疗产后中风，虚人不可服他药者　白鲜皮150克。以水三升，煮取一升，分服。耐酒者可酒、水等分煮之。

（5）治鹅掌风　用白鲜皮入口嚼烂，手搓之。

（6）治急性肝炎　白鲜皮9克，茵陈15克，栀子9克，大黄9克，水煎服。

参考文献

[1]　白媛媛．白鲜皮化学成分及药理活性研究[D]．济南：济南大学，2014.

[2]　艾丹．白鲜皮抗炎有效部位的研究[D]．哈尔滨：黑龙江中医药大学，2010.

[3]　张明发，沈雅琴．白鲜皮药理作用的研究进展[J]．抗感染药学，2012，9（2）：95–99.

板蓝根

ban lan gen

本品为十字花科植物菘蓝*Isatis indigotica* Fort.的干燥根。

一、植物特征

为二年生草本，主根长20～50厘米，直径1～2.5厘米，外皮浅黄棕色。茎直立，高30～70厘米，也有长到100厘米以上的。干时茎叶呈蓝色或黑绿色。根茎粗壮，断面呈蓝色。地上茎基部稍木质化，略带方形，稍分枝，节膨大，幼时背部有褐色微毛。叶对生；叶柄长1～4厘米；叶片倒卵状椭圆形或卵状椭圆形，长6～15厘米，宽4～8厘米；先端急尖，微钝头，基部渐狭细，边缘有浅锯齿、波状齿或全缘，上面无毛，有稠密狭细的钟乳线条，下面幼时脉上稍生褐色微软毛，侧脉5～6对。花无梗，成疏生的穗状花序，顶生或腋生；苞片叶状，狭倒卵形，早落；花萼裂片5，条形，长1.0～1.4厘米，通常1片较大，呈匙形，无毛；花冠漏斗状，淡紫色，长4.5～5.5厘米，5裂近相等，长6～7毫米，先端微凹；雄蕊4，2强，花粉椭圆形，有带条，带条上具2条波形的脊；子房上位，花柱细长。蒴果为稍狭的匙形，长1.5～2.0厘米。种子4颗，有微毛。花期4～5月，果期6～8月。（图1）

图1　菘蓝

二、资源分布概况

菘蓝由于适应性强，分布区域较广，在全国各地均有种植，例如内蒙古、陕西、甘肃、河北、山东、江苏、浙江、安徽、贵州等地。板蓝根产量和质量相对比较稳定，种植面积主要取决于临床用量，进而导致药材价格波动较大，造成板蓝根地理分布发生变迁。

现主要分布于经济作物种类较少的地区，例如黑龙江大庆和齐齐哈尔，山东济南和沂源，山西太原，河北安国，新疆，内蒙古以及甘肃民乐、定西、甘南等地。

三、生长习性

菘蓝对气候的适应性很广，喜温暖潮湿、阳光充足的气候环境，较耐寒，怕水涝，喜阴凉。菘蓝对土壤要求不严，一般夹沙土或微碱性的土壤均可种植；是耐肥、喜肥性较强的草本植物，肥沃和土层深厚的土壤是其生长发育的必要条件。地势低洼，易积水、黏重的土地，不宜种植。板蓝根一般种植半年到一年即可收获，以一年生的品质较好。生长发育：种子在温度16～21℃且有足够的湿度时，播种后约5天出苗。用种量每公顷22～30千克，在8月中上旬播种，当年只能形成叶簇，呈蓬座状越冬。翌年5月开始抽薹、现蕾，5～6月开花，6～7月果实相继成熟，全生育周期9～11个月。

四、栽培技术

1. 种子种苗繁育

由于板蓝根只采用种子繁殖，因此以下只介绍板蓝根种子繁育技术。

（1）繁殖材料　菘蓝采用种子播种后当年并不抽薹开花，采种要在第2年进行。因此菘蓝种子繁殖材料一般为一年生肥大肉质的根系。

（2）繁殖方式　菘蓝种子繁殖一般采用两种方式：一是选用头年生长健壮、无病虫害、肥大肉质的菘蓝根系，于第2年移栽于土壤肥沃、光照充足的大田间，5月中旬后开花结籽，即可获得种子；二是一年生板蓝根采收最后一次大青叶后不挖根，田间越冬，次年返青出苗，4～5月开花结籽，6～7月种子成熟，采集晾干，留作次年用种。

（3）种子繁育技术

①直播繁育：种子品质在很大程度上决定了板蓝根的产量和品质，因此对菘蓝种子要有一定的要求。根据相关研究，菘蓝种子可分为3级，一级种子：净度≥88.3%，种形指数2.5～3.8，千粒重≥8.5克，发芽率≥90%，种子饱满，有光泽，干燥，无杂质；二级种子：净度74.3%～88.3%，千粒重≥6～8.5克，发芽率70%～90%，较饱满，略有光泽，有少许瘪粒及杂质；三级种子：净度≤74.3%，千粒重<6克，发芽率≤70%，种子干瘪，瘦小，大小不均匀，有不少杂质。三级种子由于千粒重较小，种子内积累的物质少，发芽

后的植株由于营养物质匮乏，导致植株生长较弱，药材产量低。因此在生产中应选取一级种子和二级种子。

②种子处理：种子消毒可以灭除种子自带的病原菌，还可预防土传病害。主要的消毒措施有以下几种：浸种，播种前用30～40℃的温水浸种3～4小时，捞出种子，沥干，稍晾即用适量的草木灰混拌均匀。拌种，不仅能杀死种子表面病原菌，还能抑制或杀死土壤中的病原菌。浸种后的种子和干种子均能拌种。药剂拌种量一般为种子重量的0.2%～0.3%，常用拌种药剂有50%多菌灵、50%百菌清、70%代森锰锌等。

③播种：菘蓝种子采用大田直播，播种前浇透土壤。播前一次性施入尿素每公顷522千克，过磷酸钙每公顷490千克，钾肥每公顷186千克。播种时间：播种分为春季播种和秋季播种，春季播种于4月下旬至5月上旬进行，过早播种会降低对气象灾害的抵御能力，从而降低产量；过迟播种会缩短板蓝根生长期，造成减产。春季播种以第1年板蓝根成药为主，如果第1年不收获板蓝根，在第2年可繁育菘蓝种子。秋季播种在8月中下旬进行，主要进行菘蓝种子繁育，以幼苗越冬，于翌年5月下旬至6月下旬开花；6月下旬至7月下旬为结果和果实成熟期；6～7月上旬即可选健壮植株收获种子。

播种方式：有撒播法和条播法两种。撒播法是把种子均匀撒在畦面上，用细土掩盖，适当镇压；优点是对土地的利用率高，省工；缺点是对土壤、整地、播种技术要求较高，否则容易造成出苗率低、出苗不均匀、出苗后不利于田间管理。条播法是先采用锄头开沟，沟深3厘米，将种子沿沟底均匀撒入，然后覆土，其厚度与沟持平，用脚踩一遍，或用磙子轻压一遍。条播可使菘蓝出苗整齐、植株生长旺盛，利于田间管理。

播种量：播种量是指单位面积上的种子播量。由于繁殖区的条件各有不同，所以在不同地区应该有不同的播种量。板蓝根繁殖区撒播和条播的播种量相同，每公顷约22.5～30千克。一般自然条件优越的地区播种量较小，种子较差、土地贫瘠、施肥量小的地区应适当增大播种量。

结籽期田间管理：由于菘蓝结籽期在第2年，想要留种必须在第1年成药期不挖根，露地越冬。结籽期田间管理等同于第1年，为了提高结籽量，可在5月下旬再喷施叶面肥1次，6月初可中耕除草1次（菘蓝在东北地区较难越冬）。

（4）种子采收　由于采用种子播种后当年并不抽薹开花，所以板蓝根采种要在第2年进行。采收最后一次大青叶后不挖根，露地越冬。次年6～7月种子成熟。因此采收种子的方式为6月下旬，当角果的果皮变成紫黑色后开始采收，选阴天割下茎秆，存放至阴凉干燥处，待晴天时摊开晾晒，等果实干燥后脱粒并清除杂质，装袋储藏在阴凉、干燥、通风的室内。

（5）种子繁育技术——根条移栽结籽技术　移栽地宜选择避风向阳、排水良好、阳光充足的地块。于第2年4月下旬至5月初，移栽第1年春季播种的无病害、健壮的菘蓝根条。移栽的根条株距为10厘米、行距为30厘米。发苗后及时加强水肥管理，并适当增施磷钾肥。其他同种子直播法。

2. 选地与整地

（1）选地　菘蓝是一种深根系药用植物，喜温凉环境，耐寒冷，怕涝。应选择地势平坦、土层深厚、土壤肥沃、排水良好、含腐殖质丰富的砂质土壤或轻壤土地块种植。前茬以豆类、马铃薯、玉米或油料等作物为佳。前茬作物收获后，及时深耕晒垡、熟化土壤、纳雨保墒。

（2）整地　播前深翻20～30厘米，沙地可稍浅些，打碎土块，耙耱平整，做成宽1.5～2.0米，高20厘米的平畦。结合做畦一次性基施腐熟农家肥每公顷15 000～22 500千克、磷酸二铵每公顷750～900千克、尿素每公顷150～225千克。

3. 田间管理

（1）间苗定苗　根据幼苗生长状况，于苗高3～4厘米时间苗，补齐缺株，定苗时株距5～10厘米。该阶段要注意保持土壤湿润，以促进养分吸收。

（2）中耕除草　由于杂草与菘蓝同时生长，齐苗后应及时中耕除草。当苗高6～7厘米时进行第1次中耕除草，10厘米时进行第2次中耕除草，以后根据杂草生长情况可用手拔除。

（3）追肥　在第1和第2次收割大青叶后可追施腐熟农家肥每公顷12 000～15 000千克，或尿素每公顷45 000～60 000千克，以促进根和叶的生长。切忌施用碳酸氢铵，以免烧伤叶片。

（4）灌溉与排水　生长前期水分不宜太多，以促进根部向下生长。7～9月份雨量较多时，可将畦间沟加深，大田四周加开深沟，以利及时排水，避免烂根。生长期间如遇较长时间干旱，就须在早晚进行补灌。切忌在白天温度高时灌水，以免高温灼伤叶片，影响植株生长。

菘蓝种植地见图2。

图2　菘蓝种植地

4. 病虫害防治

（1）菌核病　一般在5月中旬发病，在多雨高温的6～7月发病最重。偏施氮肥、排水不良、管理粗放、雨后积水等均有利于发病。发病时基部叶片首先发病，病斑处呈水渍状，后为青褐色，最后腐烂。茎秆受害后，布满白色菌丝，皮层软腐，茎秆表面和叶上可见黑色不规则的鼠粪状菌核，使整枝变白倒伏枯死。

防治方法　水旱轮作或与禾本科作物轮作，避免与十字花科作物轮作；增施磷、钾肥，提高植株抗病力；开沟排水，降低田间温度。发病初期用65%代森锌500～600倍液喷雾，每隔7天喷1次，连续2～3次。

（2）白锈病　一般在5月中旬至6月发生，为害时间较短。患病叶面出现黄绿色小斑点，叶背长出一隆起的白色脓包状斑点，破裂后散出白色粉末状物，叶片变畸形，后期枯死。

防治方法　清除田间植株残体，减少越冬菌源；实行轮作；雨后及时通沟排水，降低田间湿度；发病初期喷洒波尔多液（1∶1∶120），每隔7天喷1次，连续2～3次。

（3）根腐病　一般在5月中下旬开始发生，6～7月为发病盛期。田间湿度大、气温高为该病发生的主要因素。发病后根部呈黑褐色，向上蔓延可达茎及叶柄，随后根的髓部也变成黑褐色，最后整个主根部分变成黑褐色的皮壳，皮壳内呈现乱麻状的木质化纤维。

防治方法 选择地势略高、排水畅通的地块种植；采用75%百菌清可湿性粉剂600倍液或70%敌可松1000倍液进行喷药防治。

（4）霜霉病 该病危害叶部，在叶背面产生白色或灰白色霉状物，无明显病斑，严重时叶片枯死。

防治方法 以农业防治为主，与禾本科、豆科植物合理轮作、合理密植，改善通风透光条件，发现病叶、病株及时清除并带出田外，集中深埋。也可用50%退菌特1000倍液或65%代森锌500倍液喷雾防治。

（5）菜粉蝶 翅为白色，幼虫称菜青虫。菜粉蝶幼虫身体背面青绿色，咬食叶片，造成孔洞或缺刻，严重时仅残留叶脉和叶柄。每年能发生多代，以5～6月第1、第2代发生最多，危害最为严重。

防治方法 可用苏云金杆菌可湿性粉剂500～800倍液或10%杀灭菊酯乳油2000～3000倍液喷雾。

（6）蚜虫 蚜虫是板蓝根常见害虫。危害后植株严重缩水卷缩，扭曲变黄，大大降低了板蓝根的产量和药用价值。同时，蚜虫还是多种病毒病的传播者。蚜虫一般在4～5月份开始活动，春、秋两季危害最重，如果遇上秋季干旱极易发生蚜虫。

防治方法 合理规划土地，种植板蓝根的地块应尽量选择远离十字花科植物种植地以及桃、李果园，以减少蚜虫迁入。消除田间杂草，结合中耕打去老叶和黄叶，间去病虫苗，带出田外及时销毁。蚜虫多着生于板蓝根的心叶及叶背皱缩处，药剂难以全面喷到，要求在喷药时要周到细致。一般用40%氰戊菊酯6000倍液、10%吡虫啉可湿性粉剂1500～2500倍液喷雾。

五、采收加工

1. 采收

根据板蓝根药效成分的高低，适时采收。实验证明：10月份的含量最高，因此，在初霜后的10月中下旬采收，可获取药效成分含量高、质量好的板蓝根。故这段时间选择晴天，进行板蓝根的采收。先割去叶片（免伤芦头），然后用锹或镐深刨，一株一株挖起，注意不要将根挖断，以免降低外观质量。但随着种植面积的加大，人工采收效率不高，因此多采用机械化。

2. 加工

先除去泥土、芦头和茎叶，摊在芦席上晒至七八成干，扎成小捆后再晒至全干，晒时严防雨淋，打包后装麻袋置于阴凉、通风、干燥处贮藏，并注意防潮、霉变、虫蛀。

六、药典标准

1. 药材性状

本品呈圆柱形，稍扭曲，长10～20厘米，直径0.5～1厘米。表面淡灰黄色或淡棕黄色，有纵皱纹、横长皮孔样突起及支根痕。根头略膨大，可见暗绿色或暗棕色轮状排列的叶柄残基和密集的疣状突起。体实，质略软，断面皮部黄白色，木部黄色。气微，味微甜后苦涩。（图3）

图3 板蓝根药材

2. 显微鉴别

本品横切面：木栓层为数列细胞。栓内层狭。韧皮部宽广，射线明显。形成层成环。木质部导管黄色，类圆形，直径约至80微米；有木纤维束。薄壁细胞含淀粉粒。

3. 检查

（1）水分 不得过15.0%。

（2）总灰分　不得过9.0%。

（3）酸不溶性灰分　不得过2.0%。

4. 浸出物

照醇溶性浸出物测定法项下的热浸法测定，用45%乙醇作溶剂，不得少于25.0%。

七、仓储运输

1. 仓储

板蓝根晒时严防雨淋，打包后装麻袋置于阴凉、通风、干燥处贮藏，并注意防潮、霉变、虫蛀。

2. 运输

运输工具或容器应具有较好的通气性，以保持干燥，应有防潮措施，并尽可能缩短运输时间。同时不与其他有毒、有害药材混装。

八、药材规格等级

（1）一等　干货。根呈圆柱形，头部略大，中间凹陷，边有柄痕，偶有分枝。质实而脆。表面灰黄色或淡棕色，有纵皱纹。断面外部黄白色，中心黄色。气微，味微甜而后苦涩。长17厘米，芦下2厘米处直径1厘米以上。无苗茎、须根、杂质、虫蛀、霉变。

（2）二等　干货。根呈圆柱形，头部略大，中间凹陷，边有柄痕，偶有分枝。质实而脆。表面灰黄色或淡棕色，有纵皱纹。断面外部黄白色，中心黄色。气微，味微甜而后苦涩。芦下2厘米处直径0.5厘米以上1厘米以下。无苗茎、须根、杂质、虫蛀、霉变。

九、药用食用价值

1. 临床常用

（1）治疗上呼吸道感染　板蓝根及其制剂是治疗上呼吸道感染尤其是病毒性感染的常用药物，单方即可奏效。板蓝根片、板蓝根冲剂及板蓝根注射液广泛用于治疗或预防流行性感冒、急（慢）性咽炎、扁桃体炎、支气管炎、流行性腮腺炎等。如将橄榄果捣碎，用冷开水浸泡过滤，加入板蓝根注射液及防腐剂，可保存6个月。早、中、晚各喷1次。1周为1个疗程，连续喷2个疗程，预防上呼吸道感染。

（2）治疗肝炎　板蓝根作为治疗肝炎的传统用药，预防及治疗病毒性肝炎效果确切，能较快消除症状，促进肝功能恢复。临床以复方治疗为多且疗效佳。随症加减可用于治疗急性黄疸型肝炎、甲型肝炎、慢性乙型肝炎等各种肝炎。用板蓝根30克，栀子根45克，干品，水煎服，每日1剂，治疗急性黄疸型肝炎53例均痊愈。运用板蓝根注射液穴位注射治疗乙型肝炎病毒表面抗原携带者，取得较好疗效。

（3）治疗皮肤病　板蓝根对多种皮肤病有较好疗效，如带状疱疹、玫瑰糠疹、扁平疣、尖锐湿疣、结节性红斑、药疹等。单以大剂量（120克）板蓝根水煎，分3次服用，治疗水痘34例，取得满意疗效；板蓝根注射液2毫升肌内注射，每天1次，用于18例小儿水痘患者，24小时内有7例体温得到控制，3～9天痘疹全部结痂。采用无菌棉签蘸取板蓝根液（板蓝根注射液或板蓝根煎成的水溶液）局部外涂治疗带状疱疹患者51例，疗效显著，且无任何不良反应。

（4）治疗角膜炎　关于板蓝根治疗单纯疱疹性角膜炎，临床多有报道，有中药复方煎剂，也有注射剂及滴眼液等，尤以注射剂作球结膜下注射治疗效果明显。采用板蓝根注射液0.5毫升于患者眼球结膜下注射，隔日1次，治疗216只眼，有效率76%，其中早、中期患者治疗效果明显优于晚期和复发期。用板蓝根注射液治疗单纯病毒性角膜炎4例（5只眼），疗效满意，无副作用。用干扰素联合板蓝根治疗病毒性角膜炎，经统计学分析，干扰素联合板蓝根治疗病毒性角膜炎，疗效优于单用板蓝根治疗者，且疗程明显缩短。板蓝根注射液中所含嘌呤、嘧啶及吲哚类成分，有干扰病毒DNA合成的作用。与干扰素合用，其安全性和抗病毒作用大为提高，从而增强了治疗病毒性角膜炎的疗效。

（5）治疗单纯疱疹性口炎　单纯疱疹性口炎是一种由单纯疱疹病毒1型（HSV-1）感染引起的口腔黏膜病。治疗单纯疱疹性口炎患者31例，以板蓝根注射液2毫升肌内注射，每日2次，辅以马鞭草（最好为鲜品）水煎液内服及含漱。全部病例均在6天内治愈，未发生并发症，口腔溃疡愈合比自然病程缩短，临床疗效显著。板蓝根注射液和板蓝根冲剂均能明显降低体温，板蓝根的两个治疗组均有明显降低淋巴细胞比率和白细胞总数的作用，且其降低作用稍强于吗啉胍组。以上说明板蓝根具有抗病毒药物作用的特点，且其作用略强于吗啉胍组。

（6）治疗痛风　应用板蓝根注射液治疗痛风40例，其临床疗效满意。治疗方法为：40

例患者肌内注射板蓝根注射液4毫升（2支），每日1次，30次为1个疗程。用1个疗程者14例，2个疗程者20例，3个疗程者5例，4个疗程者1例。治疗结果：基本治愈，症状消失，血及尿液中尿酸含量正常，肾功能正常，连续随访2年以上无复发；好转，症状缓解，血液及尿液中尿酸含量接近正常，肾功能好转。

（7）治疗面瘫　在治疗面瘫过程中，但见乳突痛，颌下淋巴结肿痛、咽痛以及舌质红，苔黄，脉数等头面上部火热症状，甚至久患面瘫，病情反复，兼有上述症状者，加用板蓝根一味，并加重其剂量，常可获得好的效果。

（8）治疗白喉　板蓝根煎剂（10克/升）治疗12例白喉患者，疗效颇佳，对发热、声嘶、气滞等症状平均在用药后3～4天消失，且可使伪膜脱落，细菌培养转阴。用量：3岁以下每次20毫升，每日1次，直至伪膜脱落及症状消失后3个月停药。

（9）泌尿系结石　使用单味鲜板蓝根治疗泌尿系结石36例。结果表明：板蓝根治疗结石不但无毒副作用，而且疗效显著。

（10）治疗病毒性心肌炎　将197例病毒性心肌炎患者随机分为复方板蓝根治疗组133例与对照组64例，进行自身前后对照开放性试验。患者服用复方板蓝根颗粒，取得了很好的疗效，说明复方板蓝根颗粒治疗病毒性心肌炎是有效的。

2. 食疗及保健

目前，市场上生产用的染料大都为化学染料，对人体有害，且污染环境。而板蓝根叶中提取的靛蓝，是一种天然的绿色染料，不会产生对人体有害的物质；同时，板蓝根叶本身就是中药，所以用其制成的织品在与人体皮肤接触过程中，内含物质会慢慢被人体所吸收，从而达到保健作用，故靛蓝的大量开发与应用将会是一大热点。

板蓝根有清凉去火、驱除病毒、提高免疫力、预防感冒等功效，可在食品方面大力开发。目前，市场上已开发出了一种板蓝根植物饮料，是以板蓝根草本植物为主要原料，配合其他中草药熬制而成的低浓度的保健饮料。

参考文献

[1]　唐璇．板蓝根药用史考[J]．环球中医药，2014，7（11）：869-871.

[2]　许雪燕，周鹏．板蓝根的药理作用及临床应用[J]．2014，26（8）：33-35.

fang feng 防风

本品为伞形科植物防风*Saposhnikovia divaricata*（Trucz.）Schischk.的干燥根。

一、植物特征

为多年生草本，高30～80厘米。根粗壮，细长圆柱形，分歧，淡黄棕色。根头处被有纤维状叶残基及明显的环纹。茎单生，自基部分枝较多，斜上升，与主茎近于等长，有细棱，基生叶丛生，有扁长的叶柄，基部有宽叶鞘。叶片卵形或长圆形，长14～35厘米，宽6～8（～18）厘米，二回或近于三回羽状分裂，第一回裂片卵形或长圆形，有柄，长5～8厘米，第二回裂片下部具短柄，末回裂片狭楔形，长2.5～5厘米，宽1～2.5厘米。茎生叶与基生叶相似，但较小，顶生叶简化，有宽叶鞘。复伞形花序多数，生于茎和分枝，顶端花序梗长2～5厘米；伞辐5～7，长3～5厘米，无毛；小伞形花序有花4～10；无总苞片；小总苞片4～6，线形或披针形，先端长，长约3毫米，萼齿短三角形；花瓣倒卵形，白色，长约1.5毫米，无毛，先端微凹，具内折小舌片。双悬果狭圆形或椭圆形，长4～5毫米，宽2～3毫米，幼时有疣状突起，成熟时渐平滑；每棱槽内通常有油管1，合生面油管2；胚乳腹面平坦。花期8～9月，果期9～10月。（图1）

二、资源分布概况

防风主要分布于我国黑龙江、吉林、辽宁、内蒙古、河北、山东、河南、山西、陕西、甘肃、湖南等地。

黑龙江省防风资源主要分布于黑龙江省中、西部地区，主要产地是杜尔伯特蒙古族自治县、肇州、安达、肇源、泰来、龙江、富裕、嫩江、林甸、甘南、海伦、北安、拜泉等地，且多生长在草原、干草甸子、丘陵草坡、半山坡、固定的沙丘及路旁的砂质地。

图1　防风

三、生长习性

常生于草甸、草原山坡、丘陵、林缘、林下灌木丛及田边、路旁，喜温暖湿润气候，而又耐寒喜干，适应性较强，能在田间越冬。

防风为多年生草本植物，野生防风的种子成熟度不一致，需要一定时间的后熟期，出苗比较缓慢。在适宜的条件下，经过15天萌发，约30天出土，40天以上长出第1片真叶。野生防风根增粗比较缓慢，需8～10年，根直径0.6～1.2厘米、长50～150厘米时可以采挖入药。采挖后残留根仍然可以长出1～4株再生苗，俗称“二窝防风”。经过人工栽培的防风第1年只能进行营养生长，植株莲座状，叶丛生，不抽茎开花，田间就可以自然越冬。翌年春季返青，如果防风单株营养状况良好，株间距较大，植株就会抽蔓开花和结实。

人工栽培防风生长速度快于野生防风，在长春地区栽培的防风，一年生防风根长最长可达到120厘米。出苗以后，首先以地下伸长为主，9月以后则以地下增粗为主，用来积累生物量。防风的抗旱性与这种生长规律密切相关。根据栽培防风生长发育规律，及时有效采取措施促进防风地上和地下部协调生长，提高防风产量和品质。

四、栽培技术

1. 种植材料

防风种子萌发能力较强，新鲜种子发芽率在50%～75%之间。发芽适宜温度在15℃，但在15～25℃的范围内均可萌发。土壤中种子在20℃时，1周左右出苗；15～17℃时，则需2周左右才会出苗。种子不耐储藏，储存1年以上种子发芽率显著降低，甚至完全丧失发芽能力，故生产上以新鲜种子作种为佳。

2. 选地与整地

（1）选地　栽培防风，应选择阳光充足、地势高、向阳、排水良好、土层深厚的砂壤土。低洼易涝、排水不良的黏重土壤栽培防风，其根部分杈多，质量差，并易导致根部和基生叶腐烂。通风不良或高温多湿会使叶片枯黄或生长停滞。

建立半野生、半家种的大面积商品基地，应选择有野生防风分布的荒山、荒坡为好。地块选好后要定点取土样进行有机氯农药残留量及重金属含量检测，发现超标另行选地，以免造成不应有的经济损失。

（2）整地　土壤检测合格后，开始整地。防风为多年生植物，整地时必须施足基肥，每亩用圈肥3000～4000千克及过磷酸钙20～30千克，深耕33厘米以上，耕细耙平，做成1米宽平畦。北方多做宽1.5～2米的平畦，南方做宽1.5米、高25厘米的高畦，并在地周围挖好排水沟。

3. 播种

（1）直播法　采种与种子处理：采种，在秋季选两年生以上、生长健壮、无病虫害的植株留作种株，于7～8月当种子由绿色变成黄褐色、轻碰即成两半时采收。不能过早采收未成熟的种子，否则发芽率很低或不发芽，种子收回后放阴凉处后熟1周即脱粒，晾干。置布袋贮藏备用，切勿将种子在太阳光下暴晒，以免影响发芽。播种前将种子用清水浸泡24小时，捞出后保持一定湿度在室内进行催芽处理，待种子萌动时播种。

直播防风根部长而直，商品质量好，但出苗率低，不易出全苗。春、夏、秋季均可播种，有浇水条件的或湿润地区宜在春季3月下旬至4月中旬。干旱、半干旱地区多在伏天或雨季到来之前播种，称为夏播。春播，长江流域在3月下旬至4月中旬，华北地区在4月上中旬；秋播，长江流域在9～10月，华北地区在地冻前播种，次年春季出苗，苗齐苗壮。春播和夏播需将种子浸润处理，秋播可用干籽。

播种方式有条播法、穴播法和散播法。①条播法：水浇地上的高产田，一般采用条播法，行距30厘米左右，便于速生高产田的田间管理和采收，南方和平原地区多采用此种种植方式。条播时按行距30厘米开沟，深2～3厘米，将种子均匀撒于沟内，覆土1～2厘米，稍加镇压后盖草浇水，保持土壤湿润，每亩播种量1～2千克。播后保持土壤湿润，如遇干旱应及时浇水，防止卡脖旱，使小苗夭折。播种时，如畦作可按行距30厘米开沟、沟深2厘米，将种子均匀撒进沟内。②穴播法：不宜灌溉的山坡一般采用穴播法，行距26～30厘米，株距7～10厘米，穴深2厘米，每穴播种7～8粒，覆土2厘米。③撒播法：野生防风采取人工种植，自然生长的群体诱导栽培多用撒播法。这是在干旱、半干旱草原及荒地、荒坡上建立野生资源人工抚育基地的主要播种方式。在伏天雨季，将草原或荒地、荒坡深翻30厘米以上，耙细磨平，用播种机去掉开沟器撒播，播后镇压2～3次。播种量的多少视种子成熟度和发芽率而定，一般商品每亩播种2～3千克，保苗率每平方米可达100株左右。生育期间可不进行田间管理，呈半野生状态。

（2）育苗移栽法　防风种子较小，发芽需要较长时间，吸湿回干现象在我国东北地区、西部半干旱地带常常出现，很难保证发芽所需要的条件，在这种情况下直播法发芽率极低，出苗也不整齐，个体发育差异较大，很难获得高产。所以，在半干旱地区应以育苗移栽法为主，育苗田可精心管理，适时浇水除草，能使苗田出苗整齐，个体发育趋于一致。育苗田多于4月上中旬横畦或顺畦按行距10～15厘米、播幅5～10厘米、覆土0.5厘米左右条播，播后保湿，第2年4月中下旬移栽，移栽时间不能晚于4月下旬，芽未萌动时移栽成活率最高，可达95%以上，芽萌动长至1厘米左右时，成活率则降至75%以下。移栽时，如垄作可按株距15厘米左右“之”字形栽两行；畦作可按行距30～40厘米、株距15厘米开穴栽植，栽后浇水保湿。防风育苗地见图2。

4. 田间管理

（1）苗期管理　扣塑料薄膜拱棚内育苗，播种至出苗阶段为密闭期，要经常检查，控制好棚内温度，一般以20～25℃为适宜温度，如天气过热，棚内温度过高，要加盖草毡遮阴进行降温。当畦面药苗见绿时，可通过揭膜放风的方法来调整棚内温度。随着幼苗的生长，逐渐加大放风孔，进行炼苗，直至揭掉塑料膜为止。畦内发生杂草，要及时除草。

①抗旱保墒，力争全苗：露地育苗田和生产直播田，播种至出苗期间管理十分重要。此期要采取一切抗旱保墒措施，压、踩、搂、轧、石磙因地、因时并用，确保播种层内有充足的土壤水分，满足其萌发需要，严防土壤“落干”和种子“芽干”的现象发生，力争达到苗全、苗壮。

图2　防风育苗地

②除草松土，防荒促壮：田间和畦面生长出杂草，将影响幼苗生长，要求见草就除掉，防止草荒欺苗。同时，要进行中耕松土2～3遍，为幼苗根系生长改善环境，促使根系深扎，达到壮苗的效果。

③疏苗定苗，防虫保苗：出苗后15～20天，苗高达3～5厘米时，进行疏苗，防止小苗过度拥挤，生长细弱。生长到1个月左右时，苗高达10厘米以上，进行最后定苗，育苗田苗距2～3厘米，生产田苗距8～10厘米，防止苗荒徒长。同时，苗期时值地下害虫（蝼蛄、蛴螬、地老虎、金针虫）、苗期害虫（象甲、金龟子）相继发生，要做好田间调查和防治工作，保证防风幼苗不受损害。

（2）生长期管理　由于防风适应性强，耐寒、抗旱性强，只要保证全苗，生长期间管理比较简单。为促进生长和发育也可采取一些促控措施。

一般情况下第1年人工栽培防风，很少表现缺肥和缺水症状。只有播种在砂质土壤或遇严重干旱天气时，在定苗后适当追肥浇水。每亩追尿素8～10千克、硫酸钾3～5千克，追肥后及时浇水，以满足不良土壤和不良天气影响下的防风幼苗生长需求。

生长期间仍然有一部分杂草在不同时间生长出来，要结合中耕松土及时拔除。防风生长的旺盛时期在6、7、8月份，正逢雨季，田（畦）间发生洪涝和积水要及时排除，并随后进行中耕，保持田间地表土壤有良好的通透性，以有利于根系生长。

（3）越冬期管理　防风栽培第1年为营养生长，地上植株莲座状，很少有抽薹开花现象，一旦发现要及时摘除。生长到10月上中旬，地上茎叶开始枯黄，进入越冬休眠期。此期管理，一是浇好越冬前的封冻水，严防因北方气候干旱而引起水分不足。要在10月底或11月上旬浇封冻水，要浇灌均匀。二是防止放牧和畜禽的践踏危害，做好田间管护工作。三是对育苗田管护好秧苗，并对移栽田做好各项移栽前的准备工作，如整地、施肥、水源等。

（4）返青期管理　防风根茎在地下经过一个冬季漫长的“休眠”以后，到翌年春季随着天气变暖，气温升高，耕层逐渐解冻，根茎开始萌发新芽，进入返青期，开始新的生命活动。返青前人工进行彻底清园，将地表枯干叶茎清除到田外烧毁，以减轻病虫的发生和危害。每亩追施优质农家肥1500～2000千克，全田铺施，随即浇水，促使返青，达到壮株、壮根的目的。于春季4～5月份幼苗“返青”前，在整好的移栽田内，按行距15～18厘米横向开沟栽植，开沟深10～15厘米，株距8～10厘米，土壤板结干旱进行座水移栽，也可穴栽。穴距10～20厘米，每穴栽两株，栽植时要栽正、栽稳，使根系舒展。栽后覆土压实，也可栽后普浇一次定根缓苗水，提高栽植成活率。

（5）旺盛生长期管理　生产田以提高根系产量为目的，加强管理十分重要，因此要满足防风旺盛生长期对生长条件的需要。防风返青至旺盛生长期持续时间达两个多月，此期生产田仍以促根生长发育为主，田间经常进行中耕松土，改善根系生长环境，促根健壮生长。及时拔除田间杂草，防治草荒。根据植株生长情况，如发现营养不足，可进行根外追肥，如喷磷酸二氢钾、增根剂等（按说明使用）。

打薹促根：因防风第2年将有80%以上植株抽薹开花结实，地上植株开花以后，地下根开始木质化，严重影响药用根质量或失去药用价值，为此，两年以上除留种田外，要必须将花薹及早摘除。一般需进行2～3次，见薹就打掉，避免开花消耗养分，影响根的发育。田间遇涝或积水时，要及时排除，以免影响植株生长。

（6）留种田管理　选留植株生长整齐一致、健壮的田块作留种田，不进行打薹，可放养蜜蜂辅助授粉。到8～9月份，防风种子由绿色变成黄褐色，轻碰即成两瓣儿时采收。不能过早采收未成熟种子，否则影响发芽率或不发芽。也可割回种株后放置阴凉处后熟1周左右，再进行脱粒。晾干种子放置布袋贮藏备用。繁种也可选留二年生根茎，翌年春季进行根段扦插繁种，将防风无芦头的根段截成3～5厘米的小段，开沟深5厘米左右进行斜栽，当年不抽薹开花，根不木质化，只是根的形态变化较大，主根圆柱形，生有多数较长的支根。隔年开花产籽，如用带芦头的根茎扦插，当年可开花产籽，一般不采用。

5. 病虫害防治

（1）白粉病　危害特点：在夏、秋季危害地上植株，主要危害叶片，在叶两面形成无定型白粉斑，后期在粉斑上产生小黑点，严重时叶片早期脱落。病菌以闭囊壳在病残体上越冬，翌年春季子囊孢子引起初侵染，病株上产生的分生孢子借风雨传播，引起重复侵染。天气干旱时病害发生较重。

防治方法 农业防治：增施磷、钾肥，增强抗病力。生物防治：用2%农抗120水剂或1%武夷菌素水剂150倍液喷雾，7～10天喷1次，连喷2～3次。药剂防治：在发病初期用戊唑醇（25%金海可湿性粉剂）或三唑酮（15%粉锈宁可湿性粉剂）1000倍液，或50%多菌灵可湿性粉剂500～800倍液，或甲基硫菌灵（70%甲基托布津可湿性粉剂）800倍液喷雾，7～10天喷1次，喷2～3次。

（2）斑枯病 危害特点：每年7～8月为发病盛期，病斑发生于叶片两面，圆形或近圆形，直径2～5毫米，中心部分淡褐色，后期病斑上产生小黑点。

防治方法 农业防治：与禾本科作物实行2年以上的轮作；发病初期，摘除病叶，收获后清除病残组织，并将其集中烧毁。药剂防治：发病初期喷洒1：1：100的波尔多液1～2次，或用50%的多菌灵可湿性粉剂，或甲基硫菌灵1000倍液喷雾防治。

（3）根腐病 危害特点：在高温多雨季节，被害后根际腐烂，叶片萎蔫，变黄枯死。

防治方法 农业防治：与禾本科作物实行两年以上的轮作；发现病株及时剔除，并携出田外处理。药剂防治：发病初期用50%琥胶肥酸铜（DT杀菌剂）可湿性粉剂350倍液灌根，或用12.5%敌萎灵800倍液，或3%广枯灵（噁霉灵+甲霜灵）600～800倍液喷灌，7天喷灌1次，喷灌3次以上。

（4）黄凤蝶 黄凤蝶又名茴香凤蝶。危害特点：5月份开始以幼虫危害叶片、花蕾，严重时叶片被吃光。

防治方法 农业防治：幼虫发生初期和3龄期以前，结合田间管理人工捕杀幼虫。生物防治：产卵盛期或卵孵化盛期用青虫菌或BT生物制剂（每克含孢子100亿）300倍液喷雾防治，或用氟啶脲（5%抑太保）2500倍液，或25%灭幼脲悬浮剂2500倍液，或25%除虫脲悬浮剂3000倍液，或氟虫脲（5%卡死克）乳油2500～3000倍液，或虫酰肼（24%米满）1000～1500倍液，或用2.5%鱼藤酮乳油600倍液，或0.65%茴蒿素水剂500倍液，或在低龄幼虫期用0.36%苦参碱（维绿特、京绿、绿美、绿梦源等）水剂800倍液，或天然除虫菊（5%除虫菊素乳油）1000～1500倍液，或用烟碱（1.1%绿浪）1000倍液，或用多杀霉素（2.5%菜喜悬浮剂）3000倍液喷雾。7天喷1次，一般连喷2～4次。药剂防治：50%辛硫磷乳油1000倍液，或用1.8%阿维菌素乳油3000倍液，或1%甲胺基阿维菌素苯甲酸盐乳油3000倍液喷雾防治，一般每周喷1次，连喷2～3次。

（5）黄翅茴香螟 属鳞翅目螟蛾科昆虫。危害特点：在防风现蕾开花时发生，黄翅茴香螟以幼虫在花蕾上结网，取食花和果实，给防风生产造成危害。

防治方法　生物防治同黄凤蝶。药剂防治：幼虫发生期（在花蕾上结网），于清晨或傍晚用4.5%高效氯氰菊酯乳油2000～3000倍液，或50%辛硫磷乳油1000倍液喷雾防治。

（6）蛴螬　为金龟子幼虫。

防治方法　农业防治：入冬前将栽种地块深耕多耙，杀伤虫源、减少幼虫的越冬基数。药剂防治：每亩用50%辛硫磷乳油0.25千克；或用3%辛硫磷颗粒剂3～4千克混细砂土10千克制成药土，在播种时撒施。也可施撒5%二嗪磷；或50%辛硫磷乳油800倍液灌根防治幼虫。

五、采收加工

1. 采收

防风可于春、秋两季收获。于栽培第3年10月上旬地上部分枯萎时或春季萌芽前采收。春季根插的防风生长好的，当年秋季即可采收。防风根部深入较深，嫩脆易断，采挖时，在田地一头挖起，利用深挖机或长齿叉从一侧依次挖出抖尽泥土，或用震动式深松机起收，可深达50厘米。摘去叶及叶残基，洗净。

根茎活性成分和药理作用较低，去叶残基费工费时，也可去除根茎。栽培种抽薹防风木质化不明显，主要活性成分与药理作用与未抽薹防风比较无显著差异，可供入药；如抽薹防风木质化严重，必须去除。

2. 加工

将除去茎叶的根放到晒场上晾干，晒至半干去掉须毛，按根的粗细分级，扎成小捆，每捆1千克，晒干即可。每亩产干货150～200千克，折干率30%。有条件的可采取45℃烘干至含水量10%左右，其有效成分含量高于晒干。

六、药典标准

1. 药材性状

本品呈长圆锥形或长圆柱形，下部渐细，有的略弯曲，长15～30厘米，直径0.5～2厘米。表面灰棕色或棕褐色，粗糙，有纵皱纹、多数横长皮孔样突起及点状的细根痕。根头部有明显密集的环纹，有的环纹上残存棕褐色毛状叶基。体轻，质松，易折断，断面不平坦，

图3　防风药材

皮部棕黄色至棕色，有裂隙，木部黄色。气特异，味微甘。（图3）

2. 显微鉴别

（1）横切面　木栓层为5～30列细胞。栓内层窄，有较大的椭圆形油管。韧皮部较宽，有多数类圆形油管，周围分泌细胞4～8个，管内可见金黄色分泌物；射线多弯曲，外侧常成裂隙。形成层明显。木质部导管甚多，呈放射状排列。根头处有髓，薄壁组织中偶见石细胞。

（2）粉末特征　粉末淡棕色。油管直径17～60微米，充满金黄色分泌物。叶基维管束常伴有纤维束。网纹导管直径14～85微米。石细胞少见，黄绿色，长圆形或类长方形，壁较厚。

3. 检查

（1）水分　不得过10.0%。

（2）总灰分　不得过6.5%。

（3）酸不溶性灰分　不得过1.5%。

4. 浸出物

照醇溶性浸出物测定法项下的热浸法测定，用乙醇作溶剂，不得少于13.0%。

七、仓储运输

1. 仓储

包装后置于通风、干燥、低温、防鼠的库房中贮藏，定期检查，防止霉变、虫蛀、变质、鼠害等，发现问题及时处理。

2. 运输

运输的车厢、工具或容器要保持清洁、通风、干燥，有良好的防潮措施，不与有毒、有害、有挥发性的物质混装，防止污染，轻拿轻放，防止破损、挤压，尽量缩短运输时间。

八、药材规格等级

（1）一等　干货。根呈圆柱形。表面有皱纹，顶端带有毛须。外皮黄褐色或灰黄色，质松较柔软。断面棕黄色，中间淡黄色。味微甘，根长15厘米以上，芦下直径在0.6厘米以上。无杂质、虫蛀、霉变。

（2）二等　干货。根呈圆柱形，偶有分支。表面有皱纹，顶端带有毛须。外皮褐色或灰黄色，质松较柔软。断面棕黄色或黄白色，中间淡黄色。味微甜。芦下直径在0.4厘米以上。无杂质、虫蛀、霉变。

九、药用食用价值

1. 临床常用

（1）配祛风解表药，治外感表证　防风配荆芥、葛根，可治“风邪伤卫，有汗恶风”；防风配葛根、薄荷、连翘等，可治外感风热而致的恶寒发热，头痛目赤；防风配连翘、石膏、大黄，可疏风泻热通便。防风通圣颗粒由防风、川芎、当归、白芍、大黄、薄荷、芒硝、石膏、黄芩、栀子等组成，解表通里，清热解毒。用于外寒内热，表里俱实，恶寒壮热，头痛咽干，小便短赤，大便秘结，瘰疬初起，风疹湿疮。玉屏风散，由防风配黄芪、白术组成，有祛风邪，固卫表之作用。

（2）配祛风通窍药，治偏正头痛　临床上防风为治疗偏正头痛之要药，多与祛风、活血、通窍之品如白芷、川芎等同用，以增强祛风通窍止痛作用。《普济方》载有用防风、白芷二味等分制成的丸药，用于治疗“偏正头痛，痛不可忍”，如偏正头痛，属风热上扰，清窍不利者，可配黄芩、黄连、川芎、柴胡等同用。现代药理研究证实防风有镇痛作用，与临床上常用于治疗头痛是吻合的。

（3）配祛风胜湿药，治风湿痹证　在临床上防风多与其他祛风湿之品如羌活、独活、威灵仙、桂枝等同用，以增强祛风湿除痹痛之效；痹证寒邪偏胜者，症多见疼痛较剧，肢体困重，则多配用川乌、草乌、附子等散寒止痛药物，以增强祛风散寒、除痹止痛之功。现代药理学证明，防风除有止痛作用外，还有抗炎作用，故可用于风湿痹痛以达抗炎止痛效果。

（4）配透疹止痒药，治麻疹及皮肤瘙痒　防风配荆芥、薄荷、蝉蜕等具有祛风透疹疗效的药物一起应用，可增强透疹作用，用于治疗麻疹初期透发不畅。治疗各种原因引起的瘙痒症，防风为首选药，如风甚者，常配白鲜皮、刺蒺藜等同用，以增强防风祛风之效；湿甚者，常配地肤子、苍术同用，以祛风利湿止痒；血热甚者，配生地黄、牡丹皮、赤芍等，以凉血、祛风、止痒。皮肤病虽症在体表，但邪气袭人易致阴阳失调，乃致脏腑功能失常，久则气血运行不畅，形成脉络瘀阻，实为顽固性皮肤病久治不愈或反复发作之根本原因。

（5）配息风止痉药，治破伤风、惊风及中风　防风入肝经，其祛风功效常用于治疗肝经风动之症，如破伤风引起的角弓反张，牙关紧闭，小儿惊风痉挛抽搐，以及中风引起的口眼歪斜，言语謇涩等。防风用于息风定惊须配伍其他平肝息风止痉药，如天麻、钩藤、天南星、白附子、蜈蚣等同用；治小儿惊风，常配清热息风止痉药如龙胆、青黛、钩藤、牛黄等；古防风汤由防风配伍羌活、甘草组成，主治“卒中，口眼歪斜，言语謇涩，四肢如故，别无所苦”。现代药理学已经证实防风有息风定惊作用，实验表明防风液和水提物均能对抗电刺激引起的动物惊厥或使惊厥发生期延长。

防风在临床上应用甚广，多以配伍应用，应用九味羌活汤（防风、羌活等）治疗高原反应性疾病，疗效甚好。另外，防风还可以用于治疗中风、高血压等疾病。

2. 食疗及保健

防风根富含糖、淀粉，与大多数蔬菜一样含有丰富的膳食纤维，因此也常被人们作为蔬菜食用。防风叶不含蛋白质、脂肪、碳水化合物，零热量，富含钾、钙、镁、磷和维生素A等。食用防风可通过烘烤、蒸和煮熟等，或去皮后烹调食用，也可将防风草研磨成粉调味。以防风根为主料制作的防风粥，有祛风解表、散寒止痛的功效，主治外感风寒表证，风寒湿痹的肢体关节疼痛等。制作方法：先将15克防风、两茎葱白煎药取药汁，去渣备用；再将50克粳米煮粥，待粥熟时，加入药汁，煮成稀粥。供早、晚空腹食用，连服3天为1个疗程。禁忌：关节红肿者不宜服用。防风作为野菜，一般于5～6月采集其嫩幼苗及嫩茎叶，去掉老叶及根部后，炒食、凉拌、制馅或腌渍。

参考文献

[1] 崔振刚. 中药材防风的用途和其栽培种植技术的应用[J]. 黑龙江医药，2014，27（4）：817-821.

[2] 曾丽君. 防风质量标准研究及其资源开发[D]. 沈阳：沈阳药科大学，2008.

[3] 李海涛，徐安顺，张丽霞，等. 防风及其地方习用品种的性状与显微鉴别[J]. 中药材，2013，36（12）：1940-1942.

[4] 顾波. 防风的药理作用及临床应用[J]. 首都医药，2010，10（22）：45-46.

[5] 于斐，贾秋桦. 防风水煎剂对肺炎克雷伯菌和大肠埃希菌生长的影响[J]. 山东医学高等专科学校学报，2011，33（5）：337-338.

[6] 李翔，王丽，时克，等. 中药防风对临床常见细菌抑制作用的实验研究[J]. 微量元素与健康研究，2014，31（1）：7.

huang qin 黄芩

本品为唇形科植物黄芩*Scutellaria baicalensis* Georgi 的干燥根。

一、植物特征

为多年生草本；根茎肥厚，肉质，径达2厘米，伸长而分枝。茎基部伏地，上升，高（15）30～120厘米，基部径2.5～3毫米，钝四棱形，具细条纹，近无毛或被上曲至开展的微柔毛，绿色或带紫色，自基部多分枝。叶坚纸质，披针形至线状披针形，长1.5～4.5厘米，宽（0.3）0.5～1.2厘米，顶端钝，基部圆形，全缘，上面暗绿色，无毛或疏被贴生至开展的微柔毛，下面色较淡，无毛或沿中脉疏被微柔毛，密被下陷的腺点，侧脉4对，与中脉上面下陷、下面凸出；叶柄短，长2毫米，腹凹背凸，被微柔毛。花序在茎及枝上顶生，总状，长7～15厘米，常再于茎顶聚成圆锥花序；花梗长3毫米，与序轴均被微柔毛；苞片下部者似叶，上部者远较小，卵圆状披针形至披针形，长4～11毫米，近于无毛。花萼开花时长4毫米，盾片高1.5毫米，外面密被微柔毛，萼缘被疏柔毛，内面无毛，果时花萼长5毫米，有高4毫米的盾片。花冠紫色、紫红色至蓝色，长2.3～3厘米，外面密被具腺短柔毛，内面在囊状膨大处被短柔毛；冠筒近基部明显膝曲，中部径1.5毫米，至喉部宽达6毫米；冠檐二唇形，上唇盔状，先端微缺，下唇中裂片三角状卵圆形，宽7.5毫米，两侧裂片向上唇靠合。雄蕊4，稍露出，前对较长，具半药，退化半药不明显，后对较短，具全药，药室裂口具白色髯毛，背部具泡状毛；花丝扁平，中部以下前对在内侧、后对在两侧，被小疏柔毛。花柱细长，先端锐尖，微裂。花盘环状，高0.75毫米，前方稍增大，后方延伸成极短子房柄。子房褐色，无毛。小坚果卵球形，高1.5毫米，径1毫米，黑褐色，具瘤，腹面近基部具果脐。花期7～8月，果期8～9月。（图1）

图1 黄芩

二、资源分布概况

黄芩广泛分布于我国东北、华北北部和内蒙古高原东部，东经110°～130°、北纬34°～57°范围内。调查发现，黄芩野生资源广泛分布于长江以北大部分地区，其中，主要分布于我国暖温带与中温带的干旱半干旱地区，如内蒙古、黑龙江、吉林、辽宁、河北、山西、甘肃、陕西、山东、河南等省（自治区），以及北京市、天津市。北至内蒙古呼伦贝尔，南至河南省洛宁县，东至黑龙江省大庆市，西至甘肃省陇西县范围内均发现野生黄芩资源，其中，黄芩主要分布范围为海拔50～1670米，北纬34°27.910′～47°42.078′，东经130°43.110′～104°37.445′。由黄芩的居群状况可知，野生黄芩资源主要分布在燕山山脉、太行山脉及阴山山脉地区，道地产区河北承德及其周边地区是黄芩野生资源集中分布的地区。

三、生长习性

黄芩属植物适应性较强，在中心分布区里常以优势建群种与一些禾草、蒿类或杂类草共生，如吉林省镇赉县北大岗一带的黄芩，与一望无际的猪宗草草原群落共生，形成茂密无际的“纯群落”，而且该群落中其他植物很少生长。传统认为以山西产量最大，河北承德质量最好。黄芩喜温凉、半湿润、半干旱环境，耐寒、耐旱，多野生于山坡、林缘、路旁、中高山地或高原草原等向阳和较干旱的山区丘陵薄地，适宜生长的地区年太阳总辐射量以每平方厘米501.6千焦耳为最适宜，年平均气温4～8℃，适宜生长的年降水量为33.2～892.7毫米，不耐水涝。黄芩适宜生长在肥沃的砂质土壤或壤土上，分布区多为棕壤、褐土、棕钙土，pH5～8。通过研究不同黄芩分布区土壤的常量和微量养分对野生黄芩叶片营养和根部黄芩苷含量的影响，确定了野生黄芩的需肥特性，表明黄芩对磷元素的主动吸收作用非常明显，对钾元素的吸收能力也相对较强，而对氮元素的主动吸收作用相对较弱；黄芩对微量元素吸收能力相对较强的是铁和铜，对锌和锰吸收都相对较弱。

四、栽培技术

1. 选地与整地

（1）选地　选择土层深厚、排水渗水良好、疏松肥沃、阳光充足、中性或接近中性的壤土、砂壤土为宜，平地、缓坡地、梯田均可，宜单作种植，也可利用幼龄林果行间种植，以提高退耕还林地的经济效益和生态效益。

（2）整地　选择温暖向阳、疏松肥沃、排灌水方便的田块，做成畦面宽1.2～1.3米，畦埂宽0.5～0.6米、长10米左右的平畦。在做好的畦内每亩均匀撒施5000～10 000千克充分腐熟的优质农家肥和50千克磷酸二铵，施后与畦内10～15厘米深的土壤充分拌匀，随后砸碎土块，拣净石块、根茬，搂平畦面待播。

黄芩种植地见图2。

图2 黄芩种植地

2. 播种

黄芩主要用种子繁殖，也可用育苗移栽繁殖。

（1）种子繁殖 一般采用直播法，因种子细小，出苗比较困难，必须把地整好。整地前每亩施腐熟厩肥2000～3000千克，深耕细耙，畦面要求细、平，无灌溉条件的山坡地可以不做畦。春播（图3）在4～5月，夏播可于雨季播种，也可冬播。无灌溉条件的地方，应于雨季播种。一般采用条播法，按行距25～30厘米，开2～3厘米深的浅沟，将种子均匀播入沟内，覆土约1厘米厚，播后轻轻镇压，每亩播种量0.5～1千克。因种子小，为避免播种不均匀，播种时可掺5～10倍细沙拌匀后播种。播后及时浇水，经常保持表土湿润，大约15天即可出苗，出苗后要间去过密的弱苗，当苗高6～7厘米时，按株

图3　黄芩春播

距12～15厘米定苗，并对缺苗的地方进行补苗，补苗时一定要带土移栽，可把过密的苗移来补，栽后浇水，以利成活。

黄芩种子小，播种时覆土又浅，常因土壤干旱或表土不平，土粒较大，出苗困难，而导致大量缺苗。解决的办法：首先，整地一定要整细、整平；其次，播种后要及时浇水，经常保持土壤湿润直到出苗；此外，旱地种植，应选雨季播种，也可用塑料薄膜或草覆盖保墒，出苗后即可揭去覆盖物。这样就可以保证出苗整齐。

（2）育苗移栽　按行距15～20厘米条播，每亩用种量4～5千克。育苗1年后，于早春土壤解冻后，边起边栽，按行距25～30厘米开沟，沟深10～15厘米，选择根条直、健康无病、无损伤的根条，按10～15厘米左右的株距顺放于沟内，覆土3厘米左右，压实后浇透水。在种苗移栽前进行土地平整、土壤消毒和施入底肥等作业，底肥施用量均为：每亩施用尿素18千克和过磷酸钙36千克、优质农家肥2500千克，施入底肥时每亩用50%的辛硫磷乳油250～300毫升，兑水8～10千克，均匀拌入农家肥，一并施入进行土壤消毒，控制地下害虫。苗密度为每亩2.3万～2.5万株，田间管理同大田育苗。另外，依照当地药农种植习惯，在 7 月上旬和8月中旬每亩分别追施尿素5千克，以增加产量。

3. 田间管理

（1）苗期管理　苗期忌水，在水淹10小时后幼苗会死亡，在雨后要及时排涝。苗期黄芩生长缓慢，不能完全封垄，田间易生长杂草，而且杂草生长速度要快于黄芩，因此要及时除草，以免发生草荒。当黄芩幼苗长至高8厘米及时定苗。定苗太晚影响植株生长，不利高产，定苗株距8～10厘米，密度控制在每亩22 000～27 000株。

（2）花蕾期管理　7月为幼苗生长发育旺盛期，在此期追施磷、钾肥，配合施用适量氮肥，有利于叶片生长，促进光合面积的迅速形成，从而制造更多的光合产物，保证后期向种子和根系转移足够的营养。二年生植株6～8月开花，如计划采收种子，应适当多追肥，以促进种子饱满，如不收种子则在抽出花序前将花梗剪掉，减少养分消耗，可以促使根系生长，提高产量。黄芩耐旱，且轻微干旱有利于根系生长，但干旱严重时需浇水或喷水，忌高温期灌水。雨后应及时排除积水。

（3）中耕除草　无论是直播法还是育苗移栽法，黄芩的幼苗生长相对较缓慢，出苗后至封垄前，要松土除草3～4次，结合中耕除草。

（4）科学施肥　土壤是黄芩生活的基质，也是影响植物生长发育的重要生态因子，科学施肥，补充营养元素，就成为提高药材质量的重要措施。通过研究黄芩根部黄芩苷含量发现，人工栽培黄芩时，单一施用和复合施用氮、磷、钾化肥，在提高黄芩根部产量的同时，多数情况下还能提高黄芩苷的含量，尤其是施用磷肥，效果更显著。通过研究不同氮、磷、钾施肥组合对黄芩生长、生物量、产量和生理指标的影响，认为黄芩地上部分各项生长指标基本均为复肥型高于单肥型，复肥型中又以营养平衡型氮：磷：钾为3：3：1、氮：磷：钾为2：4：4为理想施肥组合，并初步确定了最佳施肥量是每盆氮为1.195克、磷为1.763克、钾为0.784克；通过比较不同年龄黄芩的氮肥和复合肥的施肥效果，认为合理配比的复合肥比适量氮肥效果显著，相同用量的肥料对一年生播种苗各项指标的影响效果要比二年生移栽苗明显，通过对不同微量元素对黄芩的施肥效果研究，初步筛选出硼、锌两种元素作为黄芩专用微量元素肥的首选微量元素；通过研究不同有机肥料种类对黄芩生长、产量和质量的影响，认为鸡粪对黄芩的生长和产量有很大的促进作用，有文献报道通过对有机肥种类及其施用数量与黄芩根部主要有效成分总黄酮、黄芩苷百分含量之间关系的研究，认为人工栽培黄芩施用鸡粪、人粪、猪粪、骡马粪等有机肥种类及其施用量的不同，对黄芩总黄酮的百分含量没有显著影响，但对黄芩苷百分含量影响显著或极显著。

4. 病虫害防治

（1）叶枯病　在高温多雨季节容易发病，开始从叶尖或叶缘发生不规则的黑褐色病斑，逐渐向内延伸，并使叶干枯，严重时扩散成片。

防治方法　一是秋后清理田园，除尽带病的枯枝落叶，消灭越冬菌源。二是发病初期喷洒1：120波尔多液，或用50%多菌灵1000倍液喷雾防治，每隔7～10天喷药1次，连用2～3次。

（2）根腐病　栽植2年以上者易发此病。根部呈现黑褐色病斑以致腐烂，全株枯死。

防治方法　雨季注意排水、除草、中耕，加强苗间通风透光并实行轮作。冬季处理病株，消灭越冬病菌。发病初期用50%多菌灵可湿性粉剂1000倍液喷雾，每7～10天喷药1次，连用2～3次，或用50%托布津1000倍液浇灌病株。

（3）白粉病　黄芩白粉病主要为叶片、叶柄受害，发病初期叶片两面产生白色小粉点，后扩展至全叶，叶面覆盖稀疏的白粉层，是黄芩的主要病害之一。

防治方法　清除田间病残体，减少初侵染源；施足底肥，不要偏施氮肥；合理密植，通风透光。发病初期喷施代森锰锌可湿性粉剂1000倍液，或20%三唑酮乳油2000倍液，或50%多菌灵·磺酸盐可湿性粉剂800倍液，或50%甲基托布津1000倍液，于发生初期、中期和后期各喷1次，防效较好。

（4）黄芩舞蛾　黄芩舞蛾是黄芩的重要害虫，以幼虫在叶背作薄丝巢，虫体在丝巢内取食叶肉。

防治方法　清园，处理枯枝落叶及残株。发病期用5%二嗪磷乳油喷雾防治。

（5）菟丝子病　幼苗期菟丝子缠绕黄芩茎秆，吸取养分，造成早期枯萎。

防治方法　播前净选种子。发现菟丝子随时拔除或喷洒生物农药灭杀。

五、采收加工

1. 采收

采收时期对于黄芩的产量和质量的影响非常大，生长1年的黄芩虽然可以刨收，但质量较差，人工栽培二年生黄芩根的产量在秋季达到最高，在8月末果实期黄芩苷的含量最高，三年生黄芩中黄芩苷的含量达到最高。因此，人工栽培黄芩以3年收获为好，而黄芩第4年就会出现部分主根心腐现象，随着年龄的增长这种现象会逐年加重。因此，综合考虑药材产量和质量以及经济收益等方面因素，确定以第3年秋季地上部枯黄时采收黄芩最好。

黄芩野生和栽培资源采收期由于地理纬度和生长期的差异而不同，各地一般在每年8月中下旬黄芩盛果期就开始对野生黄芩进行采收，大规模采收在黄芩枯萎期前后。黄芩采收时期随着地理纬度的南移而推迟，如山西省运城等地采收时间一般在每年10月15日左右，而黑龙江省大庆等地采收时间一般在每年9月20日左右。目前，产区黄芩采收均实现了机械化，既减轻了劳动强度，也降低了生产成本。

2. 加工

将收获下来的根部去掉附着的茎叶，抖落泥土，晒至半干，撞去外皮，然后迅速晒干或烘干。在晾晒过程中避免强光暴晒，同时防止被雨水淋湿，因受雨淋后黄芩根先变绿后发黑，影响生药质量。以坚实无孔洞、内部呈鲜黄色的为上品。

六、药典标准

1. 药材性状

本品呈圆锥形，扭曲，长8～25厘米，直径1～3厘米。表面棕黄色或深黄色，有稀疏的疣状细根痕，上部较粗糙，有扭曲的纵皱纹或不规则的网纹，下部有顺纹和细皱纹。质硬而脆，易折断，断面黄色，中心红棕色；老根中心呈枯朽状或中空，暗棕色或棕黑色。气微，味苦。（图4）

图4　黄芩药材

栽培品较细长，多有分枝。表面浅黄棕色，外皮紧贴，纵皱纹较细腻。断面黄色或浅黄色，略呈角质样。味微苦。

2. 显微鉴别

本品粉末黄色。韧皮纤维单个散在或数个成束，梭形，长60～250微米，直径9～33

微米，壁厚，孔沟细。石细胞类圆形、类方形或长方形，壁较厚或甚厚。木栓细胞棕黄色，多角形。网纹导管多见，直径24～72微米。木纤维多碎断，直径约12微米，有稀疏斜纹孔。淀粉粒甚多，单粒类球形，直径2～10微米，脐点明显，复粒由2～3分粒组成。

3. 检查

（1）水分　不得过12.0%。

（2）总灰分　不得过6.0%。

4. 浸出物

照醇溶性浸出物测定法项下的热浸法测定，用稀乙醇作溶剂，不得少于40.0%。

七、仓储运输

1. 仓储

装贮于干燥、通风良好的专用贮藏库。室内相对湿度应控制在70%以内，温度不超过25℃。在贮存期的1～2年内不使用任何保鲜剂和防腐剂。贮藏期间要勤检查、勤翻动、常通风，以防发霉和虫蛀。

2. 运输

运输工具必须清洁、干燥、无异味、无污染。运输中应防雨、防潮、防污染。严禁与可能污染其品质的货物混装运输。

八、药材规格等级

黄芩商品规格有条芩和枯芩。条芩即枝芩、子芩，系内部充实的新根、幼根；枯芩系枯老腐朽的老根和破头块片根。

1. 条芩

（1）一等　干货。呈圆锥形，上部皮较粗糙，有明显的网纹及扭曲的纵皱。下部皮细有顺纹或皱纹。表面黄色或黄棕色。质坚脆。断面深黄色，上端中央有黄绿色或棕褐色的枯心。气微、味苦。条长10厘米以上，中部直径1.5厘米以上。去净粗皮。无杂质、虫蛀、霉变。

（2）二等　干货。呈圆锥形，上部皮较粗糙，有明显的网纹及扭曲的纵皱，下部皮细有顺纹。表面黄色或黄棕色。质坚脆。断面深黄色，上端中央有黄绿色或棕褐色的枯心。气微、味苦。条长10厘米以上，中部直径1厘米以上。去净粗皮。无杂质、虫蛀、霉变。

2. 枯碎芩

统货　干货。即老根多中空的枯芩和块片碎芩，破断尾芩。表面黄色或淡黄色。质坚脆。断面黄色。气微、味苦。无粗皮、茎芦、碎渣、杂质、虫蛀、霉变。

九、药用食用价值

1. 临床常用

黄芩治疗疾病的古方精选如下。

（1）治小儿心热惊啼　黄芩（去黑心）、人参各一分。捣箩为散。每服一字匕，竹叶汤调下，不拘时候服。

（2）泻肺火，降膈上热痰　片子黄芩，炒，为末，糊丸，或蒸饼丸梧子大。服五十丸。

（3）治慢性气管炎　黄芩、葶苈子各等分，共为细末，糖衣为片，每片含生药0.3克，每日3次，每次5片。

（4）治上呼吸道感染，肠炎　黄芩切碎，加4倍量水浸泡4小时，过滤残渣，再加2倍水浸泡两次，合并滤液，用20%明矾液倒入浸液中，调节pH值为3.5（每100千克黄芩，需明矾6～8千克），产生黄色沉淀，静置4小时，弃去上层清液，将沉淀物装入布袋中加水过滤，烘干，粉碎，造粒打片。每次服2～3片。

（5）治少阳头痛及太阳头痛，不拘偏正　片黄芩，酒浸透，晒干为末。每服一钱，茶、酒任下。

（6）治太阳与少阳合病，自下利者　黄芩三两，芍药二两，甘草二两（炙），大枣十二枚（擘）。上四味，以水一斗，煮取三升，去渣。温服一升，日再夜一服。

（7）治淋，亦主下血　黄芩四两，细切，以水五升，煮取二升，分三服。

（8）治吐血衄血，或发或止，皆心脏积热所致　黄芩一两（去心中黑腐），捣细箩为散。每服三钱，以水一中盏，煎至六分。不计时候，和渣温服。

（9）治崩中下血　黄芩，为细末。每服一钱，烧秤锤淬酒调下。

（10）治妇人四十九岁以后，天癸却行，或过多不止　黄芩心枝条者二两（重用米醋，浸七日，炙干，又浸又炙，如此七次）。为细末，醋糊为丸，如梧桐子大。每服七十丸，空心温酒送下，日进二服。

（11）安胎　白术、黄芩、炒曲。上为末，粥丸，服。

（12）治肝热生翳，不拘大小儿　黄芩一两，淡豆豉三两，为末。每服三钱，以热猪肝裹吃，温汤送下，日二撮。忌酒、面。

（13）治眉眶痛，属风热与痰　黄芩（酒漫，炒）、白芷。上为末，茶清调二钱。

（14）治痔疮血出　酒炒黄芩二钱。为末，酒服。

（15）治火丹　杵黄芩末，水调敷之。

（16）治产后血渴　饮水不止黄芩（新瓦上焙干）、麦冬（去心）各半两。上件，细切。每服三钱，水一盏半，煎至八分，去渣温服，不拘时候。

黄芩治疗疾病的现代临床应用举例如下。

（1）治疗慢性气管炎　取黄芩500克，甘草250克，加水煎煮2次，得煎液1500毫升；另取生石灰500克，加冷开水5000毫升，搅拌浸泡静置24小时，取上清液4000毫升。将煎液缓缓加入石灰水中，边加边搅拌，至pH7～8为止。每次20～25毫升，每日服3次。治疗35例，临床治愈2例，显效16例。对单纯型疗效较好。

（2）治疗高血压　将黄芩制成20%的酊剂，每次5～10毫升，每日服3次。治疗51例，服药前血压均在180/100mmHg以上，服药1～12月后血压下降20/10mmHg以上者占70%以上。一般临床症状也随之消失或减轻。据观察，本药虽经较长时间服用，仍能发挥继续降压作用。无明显副作用。

（3）治疗肾炎、肾盂肾炎　用黄芩提取物制成5%黄芩素注射液，每次肌内注射100～200毫克（儿童减半），每日2次。共治20例，治疗期间除配合卧床休息、低盐饮食外，均未兼用其他药物。结果急性肾炎11例，治愈（临床症状完全消失，复查尿液两次以上均正常）6例，好转（临床症状完全消失，复查尿液仅有少量红细胞、白细胞）5例；肾盂肾炎9例，治愈、好转（标准同上）各4例，1例用药10天无变化。疗程最长17.5天，最短7天，平均12.5天。治愈病例临床症状的消失时间平均为9天，尿检恢复正常时间平均为15.6天。黄芩治疗肾病所以奏效，可能与其具有抗病原微生物、降血压、利尿等作用有关。

（4）预防猩红热　黄芩9克，水煎分2～3次内服，每日1剂。连服3天。在猩红热流行期间用此方药观察1577例，预防效果较好。

（5）治疗流行性脑脊髓膜炎　用20%黄芩煎剂喉头喷雾，每次2毫升（含生药0.4克）。观察209例，全部有效。

（6）治疗急性细菌性痢疾　黄芩、诃子等量，以明矾沉淀法提制成粉。每次2克，每日服4次，小儿酌减。对症治疗：失水者补液，高热者配合解热剂。治疗100例，平均2.5天症状消失，3.3天大便镜检正常，4.3天大便培养转阴，5.3天临床治愈。

（7）治疗钩端螺旋体病　取黄芩、金银花、连翘等量，分别制成黄芩素及金银花、连翘浸膏，混合制成片剂，每片重0.5克，相当于生药3.7克。每次10～15片，6小时服1次，小儿酌减。治疗65例，其中一个地区收治59例，治愈58例；另一地区收治6例，失败4例，疗效差异甚大，原因有待研究。有效病例服药后，开始降温时间平均为7.5小时，体温恢复正常时间平均为1.8天，临床症状和体征大多在2～5天内减轻或消失。以对中、轻度患者疗效较好，退热较快；对重度晚期患者退热较慢，疗效较差。服药期间未见严重毒性反应，仅少数患者有轻度恶心、呕吐及腹泻现象，停药后即可消失。

（8）治疗局部急性炎症　黄芩、黄连、黄柏各10克，水煎取汁，敷料浸药汁外敷，每次1小时，每日3～4次。治疗手术切口周围炎72例，有效率94%；静脉炎24例，有效率91.6%；乳腺炎28例，有效率64%；其他炎症88例，有效率93%。

（9）治疗小儿急性呼吸道感染　用50%黄芩煎液，1岁以下每天6毫升，1岁以上8～10毫升，5岁以上酌加，皆分3次服。用此法治疗急性上呼吸道感染51例，急性支气管炎11例，急性扁桃体炎1例，治疗后体温降至正常，症状消失者51例，无效12例。体温多在3天内恢复正常，症状消失多为4天。

（10）治疗小儿细菌性痢疾　黄芩、黄连、黄柏等量研末。1岁以内每次用1克，2～3岁用2克，4岁以上用3克。用0.9%氯化钠注射液30～40毫升调制后保留灌肠，每日1次，病情严重者每日2次。治疗期间节制饮食。治疗140例，治愈112例（2～68天），无效28例。

（11）治疗睑腺炎　金银花、黄芩各20克（对肾炎及肾功能不全者金银花用量不宜过大，慢性胃炎患者慎用黄芩）。水煎分2次内服，每日1剂。治疗150例，一般服1～2剂即愈，少数服药3剂痊愈。

2. 食疗及保健

（1）美宝牌胃肠胶囊　保健功能：改善胃肠道功能（对胃黏膜有辅助保护作用、润肠通便）。功效成分/标志性成分含量：每100克中含天然维生素E 20～50毫克、黄酮30～60毫克、β-谷甾醇0.25～0.95克、亚油酸35～55克、油酸25～45克。主要原料：黄芩、蜂蜡、芝麻油。适宜人群：轻度胃黏膜损伤者、便秘者。不适宜人群：麻油食品过敏者。食用方法及食用量：每日2次，成年人每次1.5～2.5克，儿童每次0.5～1.0克。饭前后1小时服用，也可以胃肠不适时即服。

（2）斯普令牌生灵胶囊　保健功能：免疫调节。功效成分/标志性成分含量：每粒含多糖≥14毫克/克；黄芩苷≥20%；总皂苷（以西洋参皂苷计）≥2%。主要原料：灵芝菌丝体提取物、黄芩提取物、西洋参粉。适宜人群：免疫力低下者。不适宜人群：少年儿童、孕妇。食用方法及食用量：口服，每日1次，每次3粒。产品规格：0.3克/粒。

（3）洪声咽喉健冲剂　保健功能：清咽润喉。功效成分/标志性成分含量：每100克中含总黄酮650～850毫克、总皂苷150～300毫克。主要原料：生地黄、木蝴蝶、胖大海、金钱草、麦冬、玄参、霍山石斛、黄芩、板蓝根、桔梗、川贝母、赤芍、甘草等。适宜人群：咽部不适者。不适宜人群：无。食用方法及食用量：每次2包，每日2次，用温开水冲服，必要时每天可服用3～4次，儿童减半。产品规格：10克/包。

（4）黄芩茶　通过查阅本草文献以及对部分地区的调查，发现在我国北方各省及云南部分地区，民间采摘当地产的黄芩地上部分代茶饮用，具有多种保健作用，民间称为黄芩茶、黄金茶等。黄芩茶多在民间使用，其确切的应用历史已很难考证。

以前黄芩茶多为当地群众自采自用。近年来，随着人们对健康的重视，回归自然以及保健的需求，黄芩茶已逐渐走出寻常百姓家，以商品的形式进入流通贸易领域，被更多的人认识和饮用。黄芩茶目前还主要在民间使用，包括北京、河北、山西、内蒙古、辽宁、黑龙江以及云南等地，特别是黄芩野生资源比较丰富的山区。由于黄芩为多年生宿根草本，因此黄芩茶的理论储量是相当大的，但是一直没有准确的统计数字。近年来在北京周边地区以及河北、山西、内蒙古等地已有不少公司进行大规模种植黄芩并开发出商品用黄芩茶，在当地及城市茶叶市场推广。如：散装茶、袋装茶、袋泡茶、茶饼等，并正在形成黄芩茶特有的茶文化。

黄芩茶数年来一直以黄芩地上部分做茶用，茎叶不分。夏季暑热季节（7～8月），将黄芩的枝叶采集回来，剪成小段，直接晒干备用；或把刚采回的小段枝叶放进蒸笼中蒸、晾3～4次后，再将其放入密封的容器中保存，即“黄芩茶，七蒸晒，祛草味，茶不坏。”随着现代人们对黄芩茶的关注，研究人员在最佳采收季节进行了研究，发现黄芩生长旺盛期（7～8月）采集的黄芩茎叶中总黄酮和主要有效成分野黄芩苷含量高，研究结果与人们长期积累的经验相符。在加工方式上，也做了较大的改进，过去茎叶不分，外观较差，饮用不方便，因此一些公司对黄芩茶进行了改进，引进了南方茶叶的加工方式，只取黄芩叶，更利于黄芩茶的商业化推广。

历史上黄芩茶开始是作为茶的代用品用来消暑、待客，后来人们发现黄芩茶具有特殊的功效：清热燥湿、泻火解毒、消炎、促消化等作用。现代药理学研究则发现黄芩地上部分具有多种活性。和传统的茶科茶属茶叶相比较，黄芩茶具有自身的特点，如黄芩茶不含有咖啡因等中枢兴奋性物质，不必担心饮用后对睡眠的影响；黄芩茶热饮和冷饮均适宜，常饮可清热燥湿，泻火解毒，消炎抑菌，降血压，促消化；黄芩茶冲泡后色泽金黄、口感平淡，易被各类人群接纳，所以又叫黄金茶；特别是在降火、抗菌消炎方面比茶叶有更好的效果。在很多地方，人们只挖取黄芩的根药用，而地上部分则弃之不用，这是资源的浪费，如果能够把地上部分加工成黄芩茶，就可以综合利用黄芩资源，增加经济收入。

参考文献

[1] 李子．黄芩的本草考证及道地产区分布与变迁的研究[D]．北京：中国中医科学院，2010.

[2] 国家医药管理局．七十六种药材商品规格标准[M]．北京：中华人民共和国卫生部，1984：29.

[3] 龚千锋．中药炮制学[M]9版．北京：中国中医药出版社，2012：333.

[4] 战渤玉，高明，李东霞，等．中药材黄芩的研究进展[J]．中医药信息，2008（6）：16-20.

[5] 何春年，彭勇，肖伟，等．黄芩茶的应用历史与研究现状[J]．中国现代中药，2011（6）：3-7，19.

本品为龙胆科植物龙胆*Gentiana scabra* Bge.、条叶龙胆*Gentiana manshurica* Kitag.、三花龙胆*Gentiana triflora* Pall.或坚龙胆*Gentiana rigescens* Franch.的干燥根和根茎。前三种习称“龙胆”，后一种习称“坚龙胆”。

一、植物特征

1. 龙胆

为多年生草本，全株通常绿色带紫色，高30～60厘米。根茎短，密生多数黄白色具横皱纹、略肉质的须根。茎直立，单生，稀2～3枝丛生；近圆形，具条棱。枝下部叶膜质，淡紫红色，鳞片形，长4～6毫米，先端分离，中部以下连合成筒状抱茎；中、上部叶近革质，无柄，卵形或卵状披针形至线状披针形，长2～7厘米，宽2～3厘米，有时宽仅约0.4厘米，越向茎上部叶越小，先端急尖，基部心形或圆形，边缘微外卷，粗糙，上面密生极细乳突，下面光滑，叶脉3～5条，在上面不明显，在下面突起，粗糙。花多数，簇生枝顶和叶腋；无花梗；每朵花下具2个苞片，苞片披针形或线状披针形，与花萼近等长，长2～2.5厘米；花萼筒倒锥状筒形或宽筒形，长10～12毫米，裂片常外反或开展，不整齐，线形或线状披针形，长8～10毫米，先端急尖，边缘粗糙，中脉在背面突起，弯缺截形；花冠蓝紫色，有时喉部具多数黄绿色斑点，筒状钟形，长4～5厘米，裂片卵形或卵圆形，长7～9毫米，先端有尾尖，全缘，褶偏斜，狭三角形，长3～4毫米，先端急尖或2浅裂；雄蕊着生冠筒中部，整齐，花丝钻形，长9～12毫米，花药狭矩圆形，长3.5～4.5毫米；子房狭椭圆形或披针形，长1.2～1.4厘米，两端渐狭或基部钝，柄粗，长0.9～1.1厘米，花柱短连柱头长3～4毫米，柱头2裂，裂片矩圆形。蒴果内藏，宽椭圆形，长2～2.5厘米，两端钝，柄长至1.5厘米；种子褐色，有光泽，线形或纺锤形，长1.8～2.5毫米，表面具增粗的网纹，两端具宽翅。花期、果期5～11月。（图1）

图1　龙胆

2. 条叶龙胆

为多年生草本，高20～30厘米。根茎平卧或直立，短缩或长达4厘米，具多数粗壮、略肉质的须根。花枝单生，直立，黄绿色或带紫红色，中空，近圆形，具条棱，光滑。茎下部叶膜质；淡紫红色，鳞片形，长5～8毫米，上部分离，中部以下连合成鞘状抱茎；中、上部叶近革质，无柄，线状披针形至线形，长3～10厘米，宽0.3～0.9（1.4）厘米，越向茎上部叶越小，先端急尖或近急尖，基部钝，边缘微外卷，平滑，上面具极细乳突，下面光滑，叶脉1～3条，仅中脉明显，并在下面突起，光滑。花1～2朵，顶生或腋生；无花梗或具短梗；每朵花下具2个苞片，苞片线状披针形与花萼近等长，长1.5～2厘米；花萼筒钟状，长8～10毫米，裂片稍不整齐，线形或线状披针形，长8～15毫米，先端急尖，边缘微外卷，平滑，中脉在背面突起，弯缺截形；花冠蓝紫色或紫色，筒状钟形，长4～5厘米，裂片卵状三角形，长7～9毫米，先端渐尖，全缘，褶偏斜，卵形，长3.5～4毫米，先端钝，边缘有不整齐细齿；雄蕊着生于冠筒下部，整齐，花丝钻形，长9～12毫米，花药狭矩圆形，长3.5～4毫米；子房狭椭圆形或椭圆状披针形，长6～7毫米，两端渐狭，柄长7～9毫米，花柱短，连柱头长2～3毫米，柱头2裂。蒴果内藏，宽椭圆形，两端钝，柄长至2厘米；种子褐色，有光泽，线形或纺锤形，长1.8～2.2毫米，表面具增粗的网纹，两端具翅。花期、果期8～11月。（图2）

图2　条叶龙胆（来源于《新编中国药材学》第一卷）

3. 三花龙胆

图3　三花龙胆（来源于《新编中国药材学》第一卷）

为多年生草本，高35～80厘米。根茎平卧或直立，短缩或长达4厘米，具多数粗壮、略肉质的须根。花枝单生，直立，下部黄绿色，上部紫红色，中空，近圆形，具细条棱，光滑。茎下部叶膜质，淡紫红色，鳞片形，长1～1.2厘米，上部分离，中部以下连合成筒状抱茎；中上部叶近革质，无柄，线状披针形至线形，长5～10厘米，宽0.4～0.7厘米，越向茎上部叶越小，先端急尖或近急尖，基部圆形，边缘微外卷，平滑，上面密生极细乳突，下面光滑，叶脉1～3条，光滑，仅中脉明显，并在下面突起。花多数，稀3朵，簇生枝顶及叶腋；无花梗；每朵花下具2个苞片，苞片披针形，与花萼近等长，长8～12毫米；花萼外面紫红色，花萼筒钟形，长10～12毫米，常一侧浅裂，裂片稍不整齐，狭三角形，稀线状披针形，长4～8毫米，先端急尖，边缘微外卷，平滑，中脉在背面突起，弯缺截形；花冠蓝紫色，钟形，长3.5～4.5厘米，裂片卵圆形，长5～6毫米，先端钝圆，全缘，褶偏斜，宽三角形，长1～1.5毫米或截形，边缘啮蚀形，稀全缘；雄蕊着生于冠筒中部，整齐，花丝钻形，长7～10毫米，花药狭矩圆形，长4～4.5毫米；子房狭椭圆形，长8～10毫米，两端渐狭，柄长7～9毫米，花柱短，连柱头长2～3毫米，柱头2裂，裂片矩圆形。蒴果内藏，宽椭圆形，长1.5～1.8厘米，两端钝，柄长至1厘米；种子褐色，有光泽，线形或纺锤形，长2～2.5毫米，表面具增粗的网脉，两端有翅。花期、果期8～9月。（图3）

4. 坚龙胆

为多年生草本，高30～50厘米。须根肉质。主茎粗壮，发达，有分枝。花枝多数，丛生，直立，坚硬，基部木质化，上部草质，紫色或黄绿色，中空，近圆形，幼时具乳突，老时光滑。无莲座状叶丛；茎生叶多对，下部2～4对，鳞片形，其余叶卵状矩圆形、倒卵形或卵形，长1.2～4.5厘米，宽0.7～2.2厘米，先端钝圆，基部楔形，边缘略外卷，有乳突或光滑，上面深绿色，下面黄绿色，叶脉1～3条，在下面突起，叶柄边缘具乳突，长5～8毫米。花多数，簇生枝端呈头状，稀腋生或簇生小枝顶端，被包围于最上部的苞叶状的叶丛中；无花梗；花萼倒锥形，长10～12毫米，萼筒膜质，全缘不开裂，裂片绿色，不整齐，2个大，倒卵状矩圆形或矩圆形，长5～8毫米，先端钝，具小尖头，基部狭缩成爪，中脉明显，3个小，线形或披针形，长2～3.5毫米，先端渐尖，具小尖头，基部不狭缩；花冠蓝紫色或蓝色，冠檐具多数深蓝色斑点，漏斗形或钟形，长2.5～3厘米，裂片宽三角形，长5～5.5毫米，先端具尾尖，全缘或下部边缘有细齿，褶偏斜，三角形，长1～1.5毫米，先端钝，全缘；雄蕊着生冠筒下部，整齐，花丝线状钻形，长14～16毫米，花药矩圆形，长2.5～3毫米；子房线状披针形，长11～13毫米，两端渐狭，柄长8～10毫米，花柱线形，连柱头长2～3毫米，柱头2裂，裂片外卷，线形。蒴果内藏，椭圆形或椭圆状披针形，长10～12毫米，先端急尖或钝，基部钝，柄长至15毫米；种子黄褐色，有光泽，矩圆形，长0.8～1毫米，表面有蜂窝状网隙。花期、果期8～12月。（图4）

图4　坚龙胆（来源于《新编中国药材学》第一卷）

二、资源分布概况

龙胆属植物约有400种，我国约有250种，主要生长在高山、石滩、高山草甸和灌丛林。《神农本草经》记载龙胆“生山谷”，记述了其生长环境。《名医别录》谓之“生齐朐及冤朐”，齐朐和冤朐即山东菏泽地区，为最早发现的龙胆药材产地。而后，陶弘景曰：“今出近道，吴兴为胜”，说明龙胆在梁都南京一带（近道）及浙江中北部（吴兴）均有出产。至宋代，《图经本草》谓条叶龙胆“生齐朐山谷及冤朐，今近道也有之”，此时的近道指宋都开封及周边地区。而后《救荒本草》谓之“今钧州、新郑山冈间亦有”，即现今河南许昌、新郑等地。《植物名实图考》所述的“滇龙胆草，生云南山中。”说明至清朝末期，龙胆、条叶龙胆和坚龙胆先后在我国山东、江苏、浙江、河南、湖北等中部地区以及云南等地均发现野生资源，东北地区大量的野生药材资源得以开发，当时其分布区为整个东北西部的松辽平原。而位于嫩江南岸的吉林省洮南、松原等地地势低洼，非常适合龙胆的生长，也使得洮南逐渐成为龙胆药材的主要产地。1935年陈存仁所著的《中国药学大辞典》有“龙胆产安徽由汉口进来，产江苏镇江府由上海运来，产吉林、奉天、洮南由山东牛茌帮运来”的描述，说明龙胆产地此时开始转入吉林省洮南市、松原市等地的平原地区。

截至目前，根据不完全统计，龙胆主要分布于黑龙江、吉林、辽宁、内蒙古、河北、陕西、新疆、江苏、安徽、浙江、福建、湖南、湖北、江西、广东、广西等地；条叶龙胆分布于黑龙江、吉林、辽宁、河北、陕西、山西、山东、江苏、浙江、安徽、湖北、湖南、广东、广西等地；三花龙胆分布于黑龙江、吉林、辽宁及内蒙古、河北地区；坚龙胆主要分布于云南、贵州、四川、广西和湖南等地。

三、生长习性

龙胆多生于海拔200～1700米的向阳山坡、林边、草丛中；条叶龙胆多生于海拔110～1100米的山坡草地或潮湿地区；三花龙胆多生于海拔440～950米的草地、林间空地、灌丛中；坚龙胆多生于海拔1100～3000米的杂草荒坡、针叶林或阔叶林林下及林缘。

龙胆为多年生草本植物，有较强的耐寒性，喜冷凉气候，对温度要求不严格，但种子萌发时具有光敏效应，必须有适宜的温度和一定的光照条件。龙胆在较为湿润的土壤中生长良好，喜欢微酸性土壤，但耐旱能力较强，土壤水分过多会影响龙胆的生长，而且会造成烂根。条叶龙胆一般第1年只长出1条主根，以后每年不断在根与茎之间依次向上长出新的不定根，从而形成须根系，到第7年以后上面不断生根的同时，下面的根也不断腐烂死亡，因此，在7年内须根是不断增多的。在整个生长周期的后期，地上部分茎叶较多，其产量的净增加也会较大，在非极端密度栽培条件下，采挖过早严重影响产量的提高。

四、栽培技术

1. 选地与整地

（1）选地　宜选择比较湿润、地势平坦、阳光充足、靠近水源、土壤以含有丰富腐殖质的砂质土壤或黑土为宜。贫瘠土壤、黏土不宜栽培。

（2）整地　播种或移栽前进行整地，翻地深度约20厘米。结合整地施足底肥，然后整平耙细，挂线作床，床面宽1.2～1.3米、高25～30厘米，作业道宽60厘米。

2. 种子种苗繁育

龙胆繁殖分为种子繁殖和营养繁殖，以种子繁殖为主，因龙胆种子细小，萌发时需要较高的温度和较大的湿度，同时又需要一定的光照，多采用育苗移栽。营养繁殖采用分根繁殖或扦插繁殖。

（1）种子繁殖　龙胆种子属于光敏性种子，种子萌发要求适宜的温湿度和适当的光照。如湿度合适，25℃左右，约1周即可发芽；低于20℃时，需半个月左右才能发芽。龙胆种子胚率约70%，发芽率约为60%。种子寿命短、不耐贮藏，在室内一般条件下砂藏可延长寿命。种子有明显休眠习性，需经低温砂藏2周打破休眠才能发芽；也可用赤霉素浸种，发芽率可提高约19%。

生产上龙胆播种出苗困难，可能原因有以下4个方面：一是未经低温砂藏或赤霉素处理，未解除休眠；二是解除休眠的种子播种后，未有适宜的温（湿）度条件，主要是未有适宜的水分条件；三是留种母株生长不良，种子尚未成熟；四是种子发芽期未经弱光处理，达不到光敏特性的要求。

选3年以上的无病害健壮植株采种。为使种子饱满，每株留3～5朵花，多余的花摘除，当果实顶端露出花冠口外时，种子即将成熟。采收时连果柄一齐摘下，使种子有后熟阶段，或在整片种子田内有30%以上的植株果实裂口时，将所有植株齐地面割下，捆成小把，立放于室内，半个月后将小把倒置，轻轻敲打收取种子。因龙胆种子特别小，采收时易混进茎、叶等碎片，可用40目、60目、80目筛依次筛选，80目筛上的为清洁种子，是繁殖用种子。

种子繁殖分室内育苗和室外育苗两种方式，室内苗床：在温室或室内用育苗盆（直径33～40厘米，高10厘米）或育苗箱（60厘米×30厘米×10厘米）装满培养土（腐殖土：田土：细砂为2：1：1），刮平后用压板压实待播。苗土稍低于箱边2～3厘米。室外苗床：采用控温催芽、液态播种、平畦或凹槽高畦的育苗方法。最好在塑料薄膜大棚内育苗，条件容易控制，出苗率、保苗率可达60%以上。具体做法是在已做好的宽1～1.2米、长因地而宜的平畦上进行播种。事先将龙胆种子进行室内控温催芽，即将种子喷透水后包于布内，再放到平盘上，在25℃条件下催芽，经常喷水保持足够湿度，约7天即可发芽。催芽时白天将布包打开见一定量的光照，每天漂洗2次。用5%硝酸钾或用50毫克/千克的赤霉素浸泡种子0.5～1小时均能代替光敏效应，提高发芽率。当种子有50%露小白芽时，将其放入配制好的保水剂悬浮液或清水中，用大孔喷壶或水泵将种子均匀喷洒在播种畦上，播种量2～3克/平方米，播后不覆土，覆盖一层苇帘、草帘或松针等，保温、保湿、遮阴，便于种子萌发和幼苗生长。经常用小喷雾器喷水，始终保持土壤湿润。长出1对子叶时将帘架起，长出3～4对真叶后可撤帘，二年生以后的植株不需再盖帘，任其自然生长。

（2）种苗繁殖　种植龙胆选择腐殖质含量高的微酸性森林腐殖土，深翻整地、灭茬，做成宽1.2米的畦床，春季栽种的时间为5月1日前龙胆幼苗芽苞未萌动时。在畦床上开横沟，沟深10～15厘米，每隔7～10厘米栽一穴，每穴2株，每行13～14穴，放好苗后将土覆平压实再栽下一行；行距15厘米，平均每平方米栽苗160～200株。每栽出5～10米的距离，用喷壶浇1次水，使移栽的小苗与田间床土接墒，能提高成活率。

在种植区域内每公顷施底肥（腐熟羊、牛、猪粪）9000～12 000千克或油饼肥1500千克。可考虑覆膜：膜内冬季保温、旱季保湿、雨季防涝，膜上打孔移栽，栽苗后不留坑，保持厢面平整以防止根部积水，移栽后必须立即浇定根水。

3. 播种

可采用有性繁殖或无性繁殖。有性繁殖种子播种后土壤含水量不低于30%，地表空气湿度60%～70%，温度25～28℃为宜，约7天后开始萌发，土壤pH6.3～7.8时种子发芽率较高。无性繁殖可采用分根繁殖，分根繁殖于秋季挖出地下部分，将根茎切成块，连同须根备作种栽用。

成熟的龙胆种子500克约有350万粒。种子纯度在95%以上，发芽率约80%。选用性状稳定，质量优良的种子，每亩用种量500克。播种前用50毫克/千克赤霉素浸泡12～24小时后，用70%代森锰锌、80%大生M-45浸泡10～20分钟后，再用清水洗2～3遍后，摊开至种子外皮干了即可播种。播种时种子中可拌入细砂、小灰、玉米面等。

春播时间一般在清明至5月上旬，播种后应覆盖松针或稻草，不能缺水，让床面保持湿润。特别是在胚芽长出7～10天内土壤表面不能干，否则会造成死苗。当苗出土后即可撤去一部分松针或稻草，稍露地面即可，撤去的松针或稻草覆盖作业道上有利于防治病害发生。秋播在10月进行，直接播种后覆盖松针或稻草即可。移栽一般在春、秋两季，春季于4月上旬；秋季于9月下旬至10月上旬，在越冬芽形成而尚未萌动时进行。栽一年苗双株行距15～20厘米，株距7～10厘米，每亩用苗量5万～6万株。覆土要因地制宜，砂壤土7厘米、土壤黏度大覆土5厘米或不覆土。栽二年苗单株，行距20厘米，株距9厘米，苗小可双株，每亩用苗量4万株左右；栽植采用斜栽。覆砂时壤土不超过10厘米、黏土7厘米。移栽不要紧靠床边，两边留出5～10厘米，栽植完后用铁锹清理作业道，床两边拍实。床面和作业道最好用松针或稻草覆盖一层不露地面，即可保墒又可预防病害发生。

4. 田间管理

（1）淋水、灌水　天气干旱时及时淋水和灌水，保持土壤湿度。

（2）除草　出苗后及时除去杂草，防止欺苗争养。

（3）遮阴　出苗后应严格控制光照，可种植遮阴作物，畦作的于畦南侧，垄作的行间种玉米进行遮阴。

（4）施肥　种植龙胆主要使用农家肥，以基肥为主，追肥为辅，每亩用量2000千克，于栽种前均匀施入地里。生长季节可喷施叶面肥0.3%尿素、0.5%磷酸氢钾，植物动力2003、力力加、多效丰产灵等。此外，可适量施用GAP允许使用的肥料。

5. 病虫害防治

（1）斑枯病　主要发生部位在叶片。发病初期病斑周围出现蓝黑色的晕圈，中间出现小黑点，以后病斑逐渐扩大，呈圆形、椭圆形及不规则形。从出现第一对幼苗真叶即开始发病，定植后的成苗从植株底部3～4对叶片开始发病。斑枯病病原菌是一种高温高湿喜光性真菌，20～28℃且高湿环境利于病害发生。

发病特点：病原菌主要以分生孢子和菌丝体在病残体和种苗上越冬，成为初侵染源。第2年春季，分生孢子可随气流传播引起侵染，侵染严重时，导致整个叶片枯死。一般5月下旬可观察到病害，7月至8月为盛发期，9月为慢发期。

防治方法　做好种子种苗消毒工作，播种前用消毒液（70%代森锰锌可湿性粉剂500倍液，50%多菌灵800～1000倍液）浸种2～3小时，种苗根也要浸蘸消毒液；入冬前做好清理工作，烧掉病株残体；5月初开始喷施农药（70%代森锰锌可湿性粉剂500倍液，50%多菌灵800～1000倍液，50%甲基硫菌灵可湿性粉剂800～1000倍液，3%多抗霉素可湿性粉剂120～150倍液），根据病情发展，确定喷药次数。

（2）褐斑病　主要症状：植株叶片呈现3～9毫米圆形或近圆形褐色病斑，中心颜色稍浅，病斑周围有深褐色晕圈。高温和高湿条件下，病斑两侧可见黑色小点，这为病原菌的分生孢子器。随着病情发展，病斑可相互融合，导致叶片枯死。

发病特点：高温高湿会导致本病发生。5～6月份，生育期中开始发病；7～8月份病情最重。

防治方法　从5月下旬开始，喷3%井冈霉素水剂50毫克/千克，每10天1次，连喷3～5次；冬季清园，处理病残体，减少越冬菌源。

（3）炭疽病　主要症状：茎中发病，在节部开始腐烂，节上部位腐烂，造成节上部分枯死，腐烂形成肉色分生孢子团。病原菌以分生孢子附在种子表面，以菌丝潜伏在种子内，或以菌丝体和分生孢子盘在患病的残株上越冬，翌年可作为侵染来源。病原菌多由寄生的伤口侵入，病斑上产生的新的分生孢子可通过风、雨、昆虫再侵染。

发病特点：病原菌适合生长温度12～32℃，最适温度27℃，空气相对湿度约95%。夏季雨水多时，温度高、湿度大，往往使发病较重。适宜温度下，相对湿度较低时，病原菌潜伏期长，空气湿度低于55%时，则不发病；空气湿度大于87%时，潜伏期3天左右。种植密度大、排水不良及施肥不当，也会导致该病发生和蔓延。

防治方法　合理密植，防止高温高湿。注意排水，适当施肥。发病初期及时喷施农药，常用农药有80%代森锌可湿性粉剂、50%甲基硫菌灵可湿性粉剂400～500倍液、75%百菌清可湿性粉剂600倍液或1∶1∶200倍的波尔多液，每隔7～10天喷施1次，共2～3次。

（4）根腐病　主要症状：发病初期细根及根尖先感病腐烂，以后渐渐向上蔓延。发病部位呈黄褐色，心部先腐烂，根皮最后腐烂。少数烂根干枯后呈黑褐色。

发病特点：高温高湿环境易发病，一般多在3月下旬至4月上旬发病，5月进入盛发期。

防治方法　苗床药土处理，每平方米苗床用多菌灵5克与25千克细土拌成药土，播种时做垫土和覆土；发病初期喷淋20%甲基立枯磷可湿性粉剂（利克菌）1200倍液；根腐病、株腐病混合发生时，可用72.2%普力克800倍液加50%福美双800倍液喷淋。

（5）叶斑病　主要症状：发病初期叶片上零星分布黄白色病斑，叶边缘处较多，以后斑点逐渐扩大成片，形成较大病斑。严重时，病斑两面有黑色小点，整片叶片枯黄。

发病特点：该病多在6月份以后发生，7～8月份较为严重。

防治方法　可用40%三乙磷酸铝可湿性粉剂和50%多菌灵可湿性粉剂混合200倍液喷施。

（6）猝倒病　主要症状：发病植株茎上可出现褐色水渍状小点，而后小点扩大，植株成片倒伏，1周后死亡。

发病特点：此病多在5～6月份发生。湿度高、播种密度大会导致大量发病。

防治方法　除做到综合防治外，重点应调节土壤水分；病害发生时，应立即停止浇水，并用40%三乙磷酸铝可湿性粉剂300～400倍液和65%代森锌可湿性粉剂500倍液浇灌病区。

（7）茎枯病　主要症状：发病初期，病原菌先感染植株上部嫩茎，而后向下蔓延。感染部位初期暗灰色，随后逐渐变为灰白或黄白色，后期染病茎秆干枯，皮层破坏，茎表皮易剥落，表皮下可见梭形或长条形黑色扁柱状物。严重者地上部茎叶全部死亡，种子绝收。

发病特点：该病常发生于长势茂盛地块，移栽当年发病率轻，次年发病率较高。

防治方法　用10%抗菌剂401乙酸溶液1000倍液喷洒，同时，注意控制追肥数量，去掉多余越冬芽，防止植株徒长，预防本病发生。

（8）叶腐病　主要症状：发病部位呈同心圆状向四周蔓延，边缘有白色霉状物。染病叶片为水渍状，严重时变黑腐烂，烂叶发黏，还可同根一起烂掉。

发病特点：温度急剧变化及环境湿度高会导致本病的发生。

防治方法　注意减少土壤湿度，发病期间用百菌清1500倍液或甲基托布津800倍液浇灌病区。

（9）苗枯病　主要症状：染病叶片淡黄色，个别叶片中心紫绿色，植株根可与土壤脱离，延续10～20天不死。

发病特点：该病多发生于砂质壤土、光照强、湿度小的地块。一般在出苗后第1对真叶至第2对真叶间发病。

防治方法　除做到综合防治外，要注意保持病区土壤湿度，并减少光照强度，减轻本病发生。

（10）蛴螬　主要特征：咬食龙胆幼根、幼茎，使植株失去营养而死，造成缺苗断垄。

发病规律：蛴螬秋后潜入深层土壤越冬，春季蛴螬在寄主根区危害根部，随后化蛹，成虫夏季羽化产卵于苗木根部，卵孵化后幼龄蛴螬啃食龙胆根，一直持续到入蛰越冬。有机质含量高、疏松湿润土壤有利于蛴螬的发生。

防治方法 秋季深耕土壤，将虫体翻出，利用气温和自然因素致死；夏季利用成虫趋光性，田边装黑光灯，灯下放置一滴入煤油的水盆，诱杀成虫；每亩用5%二嗪磷颗粒剂1.5～2.5千克，加细土25～50千克，拌匀，撒在土床上。

（11）蝼蛄 主要特征：蝼蛄可破坏畦面平整，从畦外窜入或地下巢穴打洞行至畦面，使龙胆缺水透风导致小苗死亡，轻者引起断条，重者全株毁掉。

发病规律：蝼蛄以成虫、幼虫在50～70厘米深土中越冬，第2年春季开始危害。

防治方法 提前整地，施高温堆制的腐熟肥料；根据蝼蛄的趋光性，灯光诱捕；人工捕杀，5%二嗪磷颗粒剂1千克拌入20千克炒香豆饼或麦麸加适量水制成毒饵撒在畦面诱杀。

（12）病虫害综合防治

①种苗消毒技术：播种栽种前采用50%代森锰锌500倍液对种苗进行药剂浸种30分钟，可有效防止种苗带病。

②田园卫生技术：4月下旬龙胆出土前采用30%过氧乙酸500倍对龙胆床面和作业道进行喷药消毒，降低地表病残体上的越冬病原数量，推迟病害始发期。

③遮阴栽培技术：由于光照有利于龙胆斑枯病的生长和繁殖，因此在龙胆床面间作2行高秆作物（玉米和月见草等），进行遮阴栽培可减缓发病。

④作业道覆盖技术：越冬前用松针或稻秆覆盖作业道，既可防冻又可降低生长前期地表病原菌因雨滴飞溅造成的初侵染指数。

⑤施用叶面肥提高植株抗病性技术：开花期前结合药剂防治喷施植动力2003（3000倍）以及磷酸二氢钾（200倍）等高效叶面肥，促进植株生长，可有效提高植物抗病性。

⑥其他技术：入冬前做好清田工作，烧掉病残株。虫害严重的地块可在整地时进行土壤消毒，也可在生育期进行防治（生育期可采用黑光灯诱杀蝼蛄）。通过选用抗病抗虫品种、非化学药剂种子处理、培育壮苗、加强中耕管理、秋季深翻晒土、清理田园、轮作倒茬、间作套作等一系列措施达到防治病虫害的效果。

五、采收加工

1. 采收

龙胆一般于栽植3年后采收，春、秋两季均可采收，以秋季采收为主。挖取龙胆根部后。

2. 加工

龙胆运回后，用刀切或剪刀剪下茎叶，芦头留0.5～2厘米。坚龙胆采收后的根茎不水洗，在半遮光条件下散开晾至根茎半干，忌暴晒，稍带柔韧性时，用手搓揉，将表皮及泥土杂质搓去。把晾晒至半干、稍带柔韧性的坚龙胆根条整理顺直，数个根条合在一起捆成小把，把的大小要均匀适度，一般40～60克为宜。在自然条件下阴干，忌暴晒，温度18～25℃较好，如有条件可将其整齐装入盘内，放入干燥室进行二次干燥。

六、药典标准

1. 药材性状

（1）龙胆　根茎呈不规则的块状，长1～3厘米，直径0.3～1厘米；表面暗灰棕色或深棕色，上端有茎痕或残留茎基，周围和下端着生多数细长的根。根圆柱形，略扭曲，长10～20厘米，直径0.2～0.5厘米；表面淡黄色或黄棕色，上部多有显著的横皱纹，下部较细，有纵皱纹及支根痕。质脆，易折断，断面略平坦，皮部黄白色或淡黄棕色，木部色较浅，呈点状环列。气微，味甚苦。（图5）

（2）坚龙胆　表面无横皱纹，外皮膜质，易脱落，木部黄白色，易与皮部分离。

图5　龙胆药材

2. 显微鉴别

（1）本品横切面　龙胆：表皮细胞有时残存，外壁较厚。皮层窄；外皮层细胞类方形，壁稍厚，木栓化；内皮层细胞切向延长，每一细胞由纵向壁分隔成数个类方形小细胞。韧皮部宽广，有裂隙。形成层不甚明显。木质部导管3～10个群束。髓部明显。薄壁细胞含细小草酸钙针晶。

坚龙胆：内皮层以外组织多已脱落。木质部导管发达，均匀密布。无髓部。

（2）粉末特征　粉末淡黄棕色。龙胆：外皮层细胞表面观类纺锤形，每一细胞由横壁分隔成数个扁方形的小细胞。内皮层细胞表面观类长方形，甚大，平周壁显纤细的横向纹理，每一细胞由纵隔壁分隔成数个栅状小细胞，纵隔壁大多连珠状增厚。薄壁细胞含细小草酸钙针晶。网纹导管及梯纹导管直径约至45微米。

坚龙胆：无外皮层细胞。内皮层细胞类方形或类长方形，平周壁的横向纹理较粗而密，有的粗达3微米，每一细胞分隔成多数栅状小细胞，隔壁稍增厚或呈连珠状。

3. 检查

（1）水分　不得过9.0%。

（2）总灰分　不得过7.0%。

（3）酸不溶性灰分　不得过3.0%。

4. 浸出物

照水溶性浸出物测定法项下的热浸法测定，不得少于36.0%。

七、仓储运输

1. 仓储

龙胆加工产品贮存在通风、干燥、阴凉、无异味、避光、无污染并具有防鼠、防虫设施的仓库内，仓库相对湿度控制在45%～60%，温度控制在0～20℃之间。药材应存放在货架上与地面距离15厘米、与墙壁距离50厘米，堆放层数为8层以内。贮存期应注意防止虫蛀、霉变、破损等现象发生，做好定期检查养护。

2. 运输

运输工具必须清洁、干燥、无异味、无污染。运输中应防雨、防潮、防污染。严禁与可能污染其品质的货物混装运输。

八、药材规格等级

统货　干货。呈不规则块状，顶端有突起的茎基，下端生着多数细长根。表面淡黄色或黄棕色，上部有细横纹。质脆易折断。断面淡黄色，显筋脉花点，味极苦。长短大小不等。无茎叶、杂质、霉变。

九、药用价值

1. 临床常用处方

（1）治阴黄　龙胆、秦艽各一两半，升麻一两。上三味，粗捣筛。每服五钱匙，以水一盏半，浸药一宿，平旦煎至八分，入黄牛乳五合，再煎至一盏，去滓。空心分温二服，日再，以利为度。

（2）治卒然尿血，经中痛　龙胆一把，水煎服。

（3）治阴囊发痒，搔之湿润不干，渐至囊皮干涩，愈痒愈搔　龙胆二两，五倍子五钱，刘寄奴一两。用水一瓮，煎将滚，滤出渣，加樟脑末五分，俟汤通手浸洗。

（4）治高血压　龙胆9克，夏枯草15克。水煎服。

（5）治血灌瞳神及暴赤目疼痛或生翳膜　龙胆、细辛、防风各二两。用砂糖一小块同煎服。

（6）治蛔虫攻心如刺，吐清水　龙胆一两（去头，锉）。水二盏，煮取一盏，去滓。隔宿不食，平旦一顿服。

（7）治阳毒伤寒，毒气在脏，狂言妄语，欲走起者　龙胆一两（去芦头），铁粉二两。上件药，捣细罗为散。每服不计时候，以磨刀水调下一钱。

（8）治小儿惊热不退，变而为痫　龙胆（去芦头）、龙齿各三分，牛黄一分（细研）。捣罗为末，研入麝香二钱，炼蜜为丸，如黄米大。不计时候，荆芥汤下五丸。

（9）治疳病发热　龙胆（去芦）、黄连（去须，微炒）、青皮（去白）、使君子（去皮，炒）。上等分为细末，猪胆汁和为丸，如萝卜子大。每服二十粒，以意加减，临卧热水下。

（10）治咽喉肿痛及缠喉风，粥饮难下者　龙胆一两，胆矾（研）、乳香（研）各一分。上三味，捣研令匀，炼砂糖和丸，如豌豆大。每服一丸，绵裹，含化咽津，未瘥再服。

（11）治项下生瘰疬，不问新久、有热　龙胆拣净。上一味，捣罗为散。每服一钱匙，酒或米饮调下，食后、临卧服。天阴日，住服。

（12）治小儿夜间通身多汗　龙胆不拘多少，或加防风，为末，醋糊丸绿豆大。每服五七丸，米饮下。

（13）治产后乳不流行，下奶　龙胆、栝楼根、莴苣子各等份，为末。每服二钱，温葱调酒下，日三四服。

2. 现代临床应用举例

（1）治疗肝胆疾病　龙胆泻肝汤是中医临床治疗肝胆疾病的重要方剂，有文献报道从自然杀伤细胞水平、自由基损伤等方面探讨龙胆泻肝汤治疗慢性乙型肝炎的机制，临床应用33例取得满意的效果；应用龙胆泻肝汤加减治阳黄黄疸及肝胆湿热，其疗效确切；民间应用龙胆小复方治疗黄疸型肝炎及慢性胆囊炎，疗效确切。

（2）治疗高血压　有文献报道用龙胆泻肝汤加减治疗高血压36例有效率达88.89%。以本方治疗证属肝热上扰高血压患者12例均获较好的疗效。

（3）治疗泌尿系统疾病　有文献报道对于湿热蕴于下焦所致肾盂肾炎，用龙胆泻肝汤治疗15例，均获较好的疗效。治疗急性膀胱炎、尿血等尿路感染，也获疗效。

（4）治疗病毒性角膜炎　有文献报道自拟龙胆明目汤，每日1剂，水煎服，10天为1个疗程，并用清明滴眼液滴眼，严重时用0.5%阿托品散瞳，治疗49例，总有效率达92.85%。

（5）治疗皮肤病　有文献报道以龙胆为主药，自拟方剂治疗脂溢性皮炎、痤疮、带状疱疹、单纯疱疹、阴囊湿疹、下肢丹毒均取得了满意的疗效。另外运用龙胆清肤汤治疗急性湿疹、接触性皮炎、带状疱疹、龟头炎等皮肤病120例，取得较好的疗效。

（6）治疗急性咽炎　藏药十味龙胆花颗粒采用青藏龙胆，具有疏风清热、解毒利咽、止咳化痰作用。有文献报道用该药治疗急性咽炎256例，取得了满意效果。

（7）治疗慢性支气管炎　有文献报道应用十味龙胆花颗粒治疗慢性支气管炎急性发作期60例，取得了较好疗效。

（8）治疗上呼吸道感染　有文献报道应用十味龙胆花颗粒治疗上呼吸道感染93例，总有效率达91.7%。

参考文献

[1] 周家驹，谢桂荣，严新建. 中药原植物化学成分手册[M]. 北京：化学工业出版社，2004：1187.

[2] 张贵君. 中药商品学（第二版）[M]. 北京：人民卫生出版社，2008：158.

[3] 郭靖，王英平. 北方主要中药材栽培技术[M]. 北京：金盾出版社，2015：274-291.

[4] 王芳. 当归、甘草、龙胆栽培技术[M]. 延吉：延边人民出版社，2002：213-232.

[5] 王良信. 名贵中药材绿色栽培技术[M]. 北京：科学技术文献出版社，2002：94-109.

[6] 赵永华. 中草药栽培与生态环境保护[M]. 北京：化学工业出版社，2001：91-102.

bai shao 白芍

本品为毛茛科植物芍药*Paeonia lactiflora* Pall.的干燥根。

一、植物特征

为多年生草本，高40～70厘米，无毛。根肥大，纺锤形或圆柱形，黑褐色。茎直立，上部分枝，基部有数枚鞘状膜质鳞片。叶互生；叶柄长达9厘米，位于茎顶部者叶柄较短；茎下部叶为二回三出复叶，上部叶为三出复叶；小叶狭卵形、椭圆形或披针形，长7.5～12厘米，宽2～4厘米，先端渐尖，基部楔形或偏斜，边缘具白色软骨质细齿，两面无毛，下面沿叶脉疏生短柔毛，近革质。花两性，数朵生茎顶和叶腋，直径7～12厘米；苞片4～5，披针形，大小不等；萼片4，宽卵形或近圆形，长1～1.5厘米，宽1～1.7厘米，绿色，宿存；花瓣9～13，倒卵形，长3.5～6厘米，宽1.5～4.5厘米，粉色或粉红色，栽培品花瓣各色并具重瓣；雄蕊多数，花丝长7～12毫米，花药黄色；花盘浅杯状，包裹心皮基部，先端裂片钝圆；心皮2～5，离生，无毛。蓇葖果卵形或卵圆形，长2.5～3厘米，直径1.2～1.5厘米，先端具椽，花期5～6月，果期6～8月（图1～图3）。

图1　芍药

图2　芍药花

图3　芍药种实

图4　白芍种植地

二、资源分布概况

主要分布于四川、安徽、黑龙江、吉林、辽宁、河北、河南、山东、山西、陕西、内蒙古等地。全国各地均有栽培，白芍种植地见图4。

三、生长习性

芍药多野生于山坡、山谷的灌木丛或草丛中，平原地带多有种植芍药。芍药适宜温暖湿润气候条件，性喜阳光、喜温、喜肥并具有一定的耐寒特性。在年平均温度14.5℃、7月平均温度27.8℃、极端最高温度42.1℃的条件下生长良好。芍药是宿根植物。每年4月萌发出土，5～7月为生长发育旺盛时期，8月中旬地上部分开始枯萎，这时是芍药苷含量最高时期。芍药种子为上胚轴休眠类型，播种后当年生根，再经过一段低温打破上胚轴休眠，翌年春季破土出苗。

四、栽培技术

1. 选地与整地

（1）选地　白芍宜种于排水便利、地势较平坦的细沙黄土和大岩黄土地；黏重土和岩砾土均不宜栽种。

（2）整地　收获后即将土翻挖50～67厘米深，使土晒泡；第2次到8月复翻1次，拌牛粪或塘泥、沟泥2500～5000千克作基肥。

2. 播种

一般多选择排水良好，通风向阳，土层深厚、肥沃的土壤。栽前应精耕细作，深耕30～40厘米，耕翻1～2次。结合耕翻每亩施厩肥或堆肥2500～4000克作基肥，耙平做成宽1.3～2.3米的高畦，如雨水过多，排水不良，畦宽可减至1米左右，畦间排水沟20～30厘米，畦长可视地形而定。芍药忌连作。

主要为分根繁殖，也可用种子繁殖，但因种子繁殖生长周期长，生产上应用较少。

（1）分根繁殖　分根繁殖是芍药生产上常用方法，生产周期短。收获时，将芍药芽头从根部割下，选健壮芽头，切成小块，每块芽2～4个，芍药芽下留2厘米长的头，以利生长，随切随栽或暂时沙藏、窖藏后再栽，芍药8～10月种植，按行株距50厘米×30厘米，穴栽，穴深10厘米左右，每穴放芽头1～2个，芽苞向上，放平，然后覆土5厘米左右，盖实。每亩栽2500株左右。

（2）种子繁殖　单瓣芍药结实多。8月上中旬种子成熟，随采随播，或用湿砂混拌贮藏至9月中下旬播种。苗株生长2～3年后进行定植。

3. 田间管理

（1）中耕除草　栽种后，前两年因幼苗矮小，需要多次进行中耕除草。第1次中耕于春季齐苗后进行；第2次中耕于夏季杂草大量滋生时；第3次于秋季倒苗后进行。从第3年后中耕除草次数可减至2次。

（2）培土　于每年10月中旬地冻前，在距地面6～9厘米处，剪去其枝叶，并于根际处进行培土，厚约15厘米，以保护芍药芽安全越冬。

（3）追肥　在播种前施足底肥的基础上，从第2年开始，于每年6～7月进行追肥，每亩追施复合肥约15千克，第3年后追施磷酸二胺约10千克，硫酸钾约15千克。

（4）排水灌溉　芍药抗旱性较强，只需在干旱时灌溉即可，一次灌透。多雨季节时须及时疏通排水沟，以降低土壤湿度，减少根腐病的发生。

（5）摘蕾　为使养分集中，供根部生长，应当于栽后第2年开始，春季现蕾时及时将花蕾摘除。对于留种的植株，可适当留下大的花蕾，其余的也应摘除，这样留种，籽大饱满。

4. 病虫害防治

（1）根腐病　由真菌引起，种苗带菌或者土壤内含菌传染，雨后积水容易发病。发病后，须根染病变黑腐烂，并向主根扩展，主根先在根皮上产生不规则黑斑，且不断扩展，造成全部根发黑腐烂。病株生长衰弱，叶小发黄，植株萎蔫直至枯死。

防治方法　农业防治：与禾本类作物实行3～5年轮作，合理施肥，适量施用氮肥，增施磷、钾肥，提高植株抗病力，及时拔出病株烧毁，用石灰穴位消毒，清洁田园，减少菌源。药剂防治：发病初期用50%多菌灵600倍液，或70%甲基硫菌灵可湿性粉剂1000倍液，或50%琥胶酸铜（DT杀菌剂）可湿性粉剂350倍液灌根；或3%广枯灵（噁霉灵+甲霜灵）600～800倍液，或20%二氯异氰尿酸可溶性粉剂500倍液喷淋穴或浇灌病株根部，7天喷灌1次，连续喷灌3次以上。

（2）软腐病　由黑根霉引起的软腐病在染病组织表面生有灰黑色霉状物。主要发生在种芽存放时。

防治方法　种芽存放时应选择通风处，切口处蘸少量石灰，微晒后砂藏入窖，然后用1%福尔马林或波美5%石硫合剂喷洒消毒。

（3）灰霉病　由一种真菌引起的病害，叶、茎、花等部位均会被害。病原菌主要以菌核随病叶脱落，在土中越冬。一般在开花以后发病，阴雨连绵时最重。其症状有两种类型：一种类型是叶部病斑近圆形或不规则形，多发生于叶尖和叶缘，呈褐色或紫褐色，具不规则的轮纹，空气湿度过大时，长出灰色霉状物，即病原菌的分生孢子；茎上病斑褐色，呈软腐状，茎基部被害时，可使植株倒伏；花部被害变成褐色、软腐，产生灰色霉状物；病斑处有时产生黑色颗粒状的菌核。第二种类型是叶部边缘产生褐色病斑，使叶缘产生褐色轮纹状波皱，叶柄和花梗软腐，外皮腐烂，花梗被害时影响种子成熟。

防治方法　农业防治：注意通风透光，适量施用氮肥，展叶期浇灌次数不宜过多，随时清除病叶、病株。发病后，清除被害枝叶，集中烧毁或深埋。采取轮作或选用无病种芽，平时应加强田间管理，及时排水，保持通风透光。易发病期和发病初期用波尔多液

200倍液喷洒植株，每隔10～14天喷1次，连续进行3～4次。药剂防治：植株发病时可喷洒80%代森锌800～1000倍液，70%甲基托布津1000倍液，50%速克灵或扑海因可湿性粉剂1500倍液；温室内发病初期可用烟雾法，选用45%百菌清烟剂、10%速克灵烟剂、15%克霉灵烟剂等，既省工，又不会增湿。

（4）锈病　开花后发生，7～8月发病严重，叶背初起黄色至黄褐色颗粒状物，后期叶片出现圆形或不规则灰色、褐色病斑，继而出现刺毛状孢子堆，致使叶片及整个植株枯死。

防治方法　农业防治：加强田间管理，合理密植，促苗壮发，尽力增加株间通风透光性。以有机肥为主，注意氮、钾、磷配方施肥，合理补施微量元素，不要偏施氮肥。与禾本科作物轮作，收获后清除田间病残体，集中处理。药剂防治：在发病前期用50%多菌灵可湿性粉剂600倍液，或者甲基硫菌灵1000倍液，或者75%代森锰锌络合物800倍液等保护性杀菌剂喷雾防治。发病后用戊唑醇或者40%福星5000倍液等治疗性杀菌剂喷雾防治。

（5）叶斑病　由枝孢霉菌引起，病原菌主要以菌丝体在病叶、病枝条、果壳等残体上越冬。翌年春季产生分生孢子，经气流和雨水传播到刚萌发的新叶上，当温度达20℃以上时，孢子开始萌发，引起初次浸染。一般下部叶片最先染病，染病叶片初期在叶背出现绿色针头状小点，后扩展成直径3～15毫米的紫褐色近圆形的小斑，边缘不明显。叶片正面病斑上有不明显淡褐色轮纹，病斑相连成片，严重时整叶焦枯，叶片常破碎。病斑在叶缘时可致叶片扭曲。在潮湿气候条件下，病部背面会出现墨绿色霉层，当病害浸染茎时，在茎上出现紫褐色长圆形小点，有些突起，病斑扩展慢，中间开裂并下陷，严重时也可相连成片。在病害发生蔓延过程中，不但受气候因子的影响，其严重程度还随日照强度不同而有明显差异。

防治方法　农业防治：实行合理轮作，可与禾本科作物实行两年以上的轮作。药剂防治：发病初期用95% 噁霉灵（土菌消）可湿性粉剂4000～5000倍液，或50%多菌灵可湿性粉剂600倍液，或甲基硫菌灵（70%甲基托布津可湿性粉剂）1000倍液，或3%广枯灵（噁霉灵+甲霜灵）600～800倍液，或75%代森锰锌络合物800倍液，或20%灭锈胺乳油150～200倍液喷雾防治。

（6）蛴螬　蛴螬（金龟子幼虫，别名白土蚕、核桃虫、白时虫）幼虫能直接咬断幼苗的根茎造成枯死苗，或啃食块根、块茎使作物死亡。

防治方法　农业防治：入冬前将栽重地块深耕多耙，杀伤虫源，减少幼虫的越冬基数。并合理施肥，适时灌水。物理防治：利用成虫的趋光性，在其盛发期用黑光灯或黑绿单管双光灯（发出一半绿光一半黑光）或黑绿双管灯（同一灯装黑光和绿光两只灯管）诱杀成虫，一般50亩地安装一台灯。生物防治：防治幼虫施用乳状菌和卵孢白僵菌等生物制剂，乳状菌每亩用1.5千克菌粉，卵孢白僵菌每平方米用2.0×10^9孢子。药剂防治：毒土防治将50%辛硫磷乳油0.25千克与5%二嗪磷乳油0.25千克混合，拌细土30千克；或用3%辛硫磷颗粒剂3～4千克，混细土10千克制成药土，在播种或栽植时撒施，均匀施于田间后浇水。喷灌防治用5%二嗪磷或50%辛硫磷乳油800倍液等药剂灌根防治幼虫。

（7）地老虎　地老虎（又名土蚕、切根虫）为杂食性害虫，主要以幼虫危害芍药幼苗和根，一般被害率在20%，严重时被害率高达45%以上，造成巨大经济损失。前期以幼虫咬断芍药幼苗基部造成缺苗断垄，后期主食芍药根使产量降低。成虫白天潜伏于土壤缝隙、杂草间等，傍晚交尾。产卵具有强烈的趋化性，喜食糖和花蜜汁液。幼虫危害具有转移的习性，被害芍药幼苗逐渐萎蔫。幼虫有假死性，在土下筑室越冬。

防治方法　物理防治：成虫产卵以前利用黑光灯诱杀。成虫活动期用糖：酒：醋为1：0.5：2的糖醋液放在田间1米高处诱杀，每亩放置5～6盆。药剂防治：毒饵防治每亩用5%二嗪磷乳油0.5千克或50%锌硫酸乳油0.5千克，加水8～10千克喷到炒过的40千克棉仁饼或麦麸上制成毒饵，于傍晚撒在秧苗周围，诱杀幼虫。毒土防治每亩用5%二嗪磷颗粒剂1.5～2千克，加细土20千克配制成毒土，顺垄撒在幼苗根际附近；或用50%锌硫酸乳油0.5千克加适量水喷拌细土50千克，在翻耕地时撒施。喷灌防治用4.5%高效氯氰菊酯3000倍液，或50%锌硫酸乳油1000倍液等喷灌防治幼虫。

（8）蝼蛄　蝼蛄（又名拉拉蛄、地拉蛄）危害以成虫和若虫在土壤中穿行钻洞，咬食植物种子为主，特别是刚发芽的种子、幼苗的根和茎，危害较大。同时它们在土表穿行，使幼苗和土壤分离，造成植株失水干枯而死。

防治方法　物理防治：可用鲜马粪进行诱捕，然后人工消灭，可保护天敌。或灯光诱杀。蝼蛄有趋光性，有条件的地方可设黑光灯诱杀成虫。农业防治：合理分配种植结构，深耕细耙、轮作倒茬、适时灌水、合理施肥、清除杂草等。药剂防治：喷灌防治可用50%辛硫磷，按种子量的0.1%～0.2%用药剂并与种子重量10%～20%的水兑匀，均匀地喷拌在种子上，闷种4～12分钟再播种。毒土防治每亩用上述拌种药剂250～300毫升，兑水稀释1000倍左右，拌细土25～30千克制成毒土，或用辛硫磷颗粒剂拌土，每隔数米挖一坑，坑内放入毒土再覆盖好。

五、采收加工

1. 采收

白芍过去多是4～5年收获，现在由于多施肥，一般2～3年采收。同时白芍种植时间若五六年以上则有脱壳（栓层皮脱落）现象，切片不光滑，品质变次。故现多为2～3年收获。采收时以大暑前4～5天采挖为最适宜（北方地区可推迟）。这时采挖100千克鲜白芍可晒干货50千克。逾期挖的晒干货40千克，提早采挖的也影响产量。据药农经验，白芍过了大暑后开始在土内发芽，只有大暑前后个把月是白芍休眠期，其他月月都长，因此收获必须及时。挖时，最好选择雨后天晴土壤湿润时进行，先齐地割去苗子，然后用耙头一行行翻挖，挖时注意不要伤断肉根。

2. 加工

加工时，将采挖的白芍，去掉毛须，选出种蔸，按大小分开堆放，用冷水洗干净（不能洗脱皮，否则变红色）。如果白芍晒蔫了，需放入冷水中浸10～20分钟，使其恢复原状，才不会起皱皮。洗好后，用大锅把水烧开，将白芍倒入锅内，水以盖到4～7厘米为度，然后盖好锅盖，不断地加火，水开后，翻动2～3次，待水里出小气泡时，再抽一根白芍验看，若有0.2厘米厚的变了色，即捞起浸在冷水中。一锅水煮3次即要换水。浸后用竹片刨去粗皮，刨时不可太重，如刨去白肉，不但出货率少，而且皱皮，影响质量。刨后，放入清水中洗干净，然后用煤火烘烤（火不宜太大和有烟，否则起泡黑皮），在太阳下晒2天，又摊放几天再晒，中午太阳猛烈时，用簟子盖1小时，以免晒起皱皮。晒或炕至九成干时，用刀切去头尾，再分等晒至全干即成。

六、药典标准

1. 药材性状

本品呈圆柱形，平直或稍弯曲，两端平截，长5～18厘米，直径1～2.5厘米。表面类白色或淡棕红色，光洁或有纵皱纹及细根痕，偶有残存的棕褐色外皮。质坚实，不易折断，断面较平坦，类白色或微带棕红色，形成层环明显，射线放射状。气微，味微苦、酸（图5）。

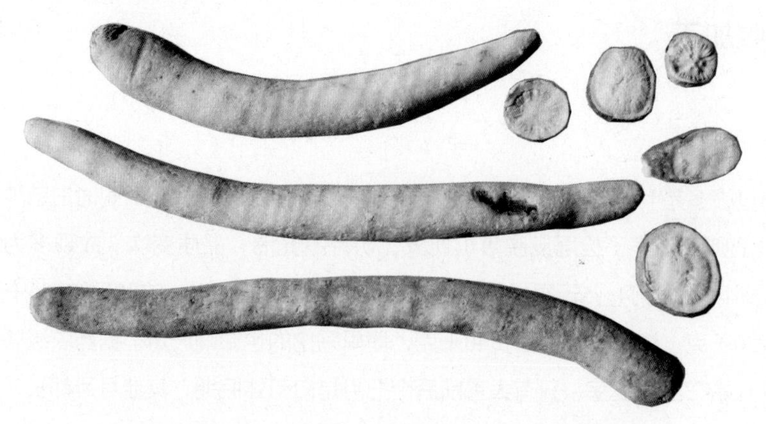

图5　白芍药材（来源于《新编中国药材学》第五卷）

2. 显微鉴别

本品粉末黄白色。糊化淀粉粒团块甚多。草酸钙簇晶直径11～35微米，存在于薄壁细胞中，常排列成行，或一个细胞中含数个簇晶。具缘纹孔导管和网纹导管直径20～65微米。纤维长梭形，直径15～40微米，壁厚，微木化，具大的圆形纹孔。

3. 检查

（1）水分　不得过14.0%。

（2）总灰分　不得过4.0%。

（3）重金属及有害元素　照铅、镉、砷、汞、铜测定法测定，铅不得过5毫克/千克；镉不得过1毫克/千克；砷不得过2毫克/千克；汞不得过0.2毫克/千克；铜不得过20毫克/千克。

（4）二氧化硫残留量　照二氧化硫残留量测定法测定，不得过 400毫克/千克。

4. 浸出物

照水溶性浸出物测定法项下的热浸法测定，不得少于22.0%。

七、仓储运输

1. 仓储

贮于通风干燥阴凉处，贮藏温度要求在30℃以下，相对湿度为60%～70%，商品安全水分为10%～13%，防虫蛀霉变。

2. 运输

运输工具必须清洁、干燥、无异味、无污染。运输中应防雨、防潮、防污染。严禁与可能污染其品质的货物混装运输。

八、药材规格等级

（1）一等　干货。呈圆柱形，直或稍弯，去净栓皮，两端整齐。表面类白色或淡红色。质坚实体重。断面类白色或白色。味微苦酸。长8厘米以上，中部直径1.7厘米以上。无芦头、花麻点、破皮、裂口、夹生、杂质、虫蛀、霉变。

（2）二等　干货。呈圆柱形，直或稍弯，去净栓皮，两端整齐。表面类白色或淡红棕色。质坚实体重。断面类白色或白色。味微苦酸。长6厘米以上，中部直径1.3厘米以上。间有花麻点；无芦头、破皮、裂口、夹生、杂质、虫蛀、霉变。

（3）三等　干货。呈圆柱形，直或稍弯，去净栓皮，两端整齐。表面类白色或白色。味微苦酸。长4厘米以上，中部直径0.8厘米以上。间有花麻点；无芦头、破皮、裂口、夹生、虫蛀、霉变。

（4）四等　干货。呈圆柱形，直或稍弯，去净栓皮，两端整齐，表面类白色或淡红棕色。断面类白色或白色。味微苦酸。长、短、粗不分，兼有夹生、破皮、花麻点、头尾、碎节或未去净皮。无枯芍、芦头、杂质、虫蛀、霉变。

九、药用食用价值

1. 临床常用

（1）治疗病毒性肝炎　用白芍、甘草、茵陈、黄芩、泽泻、大黄等，治疗急性黄疸型肝炎、急性乙型无黄疸型肝炎、慢性迁延性肝炎均有较好的疗效。

（2）治疗急性细菌性痢疾　用白芍、黄芩、黄连、黄柏、槟榔、马齿苋、广木香治疗急性细菌性痢疾疗效满意。

（3）治疗卟啉病　用黄芪、白芍、饴糖、桂枝、炙甘草、生姜、大枣，腹痛甚加延胡索，湿重呕吐甚加砂仁、半夏；腹胀加枳壳。每日1剂，水煎服。

（4）治疗慢性肺心病　柴胡、黄芩、白芍、枳实、芒硝、法半夏、生姜、大枣、人参、生大黄、葶苈子，每日1剂，水煎服，1个月为1个疗程，治疗慢性肺心病有一定的疗效。

（5）治疗哮喘　白芍30克、甘草15克共研末，每次以30克用开水冲后澄清温服，治疗哮喘有效。

（6）治疗胃及十二指肠溃疡　白芍200克、甘草150克、冰片15克、白胡椒20克，共研细末，每次5克，每日3次，饭前30分钟口服；连服2个月后复查，未愈者服第2个疗程。疗效满意。

（7）治疗胆汁反流性胃炎　用白芍、柴胡、枳实、黄芩、制半夏、制大黄、生姜、大枣、蒲公英、白及、炙甘草、浙贝母、海螵蛸；心下痞满加厚朴、莪术；喜暖畏寒加吴茱萸、干姜；厌食油腻加栀子、焦山楂、鸡内金；胁痛或胁下按痛去大枣，加延胡索、郁金、金钱草。每日1剂，水煎服，15日为1个疗程。治疗胆汁反流性胃炎效果较好。

（8）治疗慢性结肠炎　用炒白芍、白及、炒扁豆、炒怀山药、补骨脂、赤石脂、人参、炮姜、诃子、甘草。脾肾阳虚加附片、干姜；湿热加败酱草、黄连、葛根；久泻不止加罂粟壳、升麻；腹痛加木香，因情志而病情加重，可加柴胡、防风。每日1剂，水煎服，15日为1个疗程，疗程间隔4～7日、治疗慢性结肠炎有较好的疗效。

（9）治疗便秘　生白芍、生甘草，治疗习惯性便秘，疗效迅速。若气虚加生白术，阴寒凝滞加附子，阴亏血燥加阿胶，血虚偏寒加当归，兼气滞加麦芽。

（10）治疗老年性慢性泄泻　用白芍、甘草、黄连、乌梅、茯苓、山药、葛根、炮姜、焦三仙、神曲。

（11）治疗糖尿病　甘芍降糖片（甘草、白芍的全浸膏片，每片含生甘草0.6克，生白芍3.3克）治疗糖尿病；每次4～8片，每日3次，一般服药3个月以上，疗效多较满意。

（12）原发性痛经　用炒白芍、炙甘草，治疗原发性痛经，疗效满意。

（13）治疗百日咳　用生白芍、夏枯草各15克，水煎2次，加入白果仁、川贝母各150克（压成细粉），混匀，干燥后再压成细粉，装胶囊。治疗百日咳痉咳期有较好的疗效。

（14）治疗偏头痛　用白芍、川芎、郁李仁、甘草、柴胡、白芥子、香附、白芷，治疗偏头痛疗效满意。

（15）治疗面肌抽搐　白芍、炙甘草，水煎服，治疗面肌抽搐疗效较好。

（16）治疗阳强易举　白芍配伍山药、茯苓、牡丹皮、泽泻、知母、黄柏、生龙骨、生牡蛎等。

（17）治疗风湿性、类风湿关节炎　白芍配伍地黄、川草乌、地龙、威灵仙、鸡血藤等。

（18）治疗神经根型颈椎病　白芍配伍木瓜、威灵仙、淫羊藿、姜黄、山萸肉、甘草等。

（19）治疗男性高泌乳素性不育症　白芍配合柴胡、麦芽、甘草等。

（20）治疗泌尿系结石　白芍配合木通、枳壳、海金沙、牛膝、车前子、金钱草、茯苓等。

（21）治疗腓肠肌痉挛　白芍配伍桂枝、木瓜、甘草等。

（22）治疗急性肠炎　白芍配伍大黄、黄芩、黄连、当归、槟榔、木香、甘草等。

（23）治疗肾绞痛　重用白芍，配伍茯苓、泽泻、牛膝、当归、枳实、黄柏、杜仲等。

2. 食疗及保健

适宜食用白芍人群如下：

①血虚阴虚之人胸腹胁肋疼痛、肝区痛、胆囊炎及胆结石疼痛者宜食。②泻痢腹痛、妇女行经腹痛者宜食。③自汗、易汗、盗汗者宜食。④腓肠肌痉挛、四肢拘挛疼痛、不宁腿综合征患者宜食。

白芍性寒，虚寒性腹痛泄泻者以及小儿出麻疹期间不宜食用。白芍的食疗方如下。

（1）酒炒白芍——用于生气引起的头痛、头晕　200克60°以上的高度白酒炒热，再将60克白芍放进去，炒2分钟。每天早、晚服6克。

（2）醋炒白芍——用于生气时引起的小便频繁　锅中倒入200克食用白醋，炒热，再将60克白芍倒进去翻炒，1～2分钟即可。每天早、晚服6克。

（3）麸炒白芍——用于生气引起的食欲减退　用大火将锅烧热，撒入麦麸至起烟时，放入60克白芍，炒至白芍表面呈米黄色或深黄色时即可，筛去麦麸放凉。每天早、晚服6克。

（4）炒白芍——用于生气引起的内热、肝火　取60克白芍，放入锅中，用小火炒至微黄色，取出放凉即可。炒白芍不仅有疏肝的作用，还可以清热泻火。适用于生气后引起的咽干、口腔溃疡、小便发黄等。

参考文献

[1] 陈勇，杨敏，王飞. 赤-白芍功效主治异同的本草学研究[J]. 四川中医，2006，24（11）：42-43.

赤芍

chi shao

本品为毛茛科植物芍药*Paeonia lactiflora* Pall.或川赤芍*Paeonia veitchii* Lynch的干燥根。

一、植物特征

1. 芍药

具体内容参见白芍篇。

2. 川赤芍

川赤芍（东北地区少有栽培）为多年生草本。根圆柱形，直径1.5～2厘米。茎高30～80厘米，少有1米以上，无毛。叶为二回三出复叶，叶片轮廓宽卵形，长7.5～20厘米；小叶成羽状分裂，裂片窄披针形至披针形，宽4～16毫米，顶端渐尖，全缘，表面深绿色，沿叶脉疏生短柔毛，背面淡绿色，无毛；叶柄长3～9厘米。花2～4朵，生茎顶端及叶腋，有时仅顶端一朵开放，而叶腋有发育不好的花芽，直径4.2～10厘米；苞片2～3，分裂或不裂，披针形，大小不等；萼片4，宽卵形，长1.7厘米，宽1～1.4厘米；花瓣6～9，倒卵形，长3～4厘米，宽1.5～3厘米，紫红色或粉红色；花丝长5～10毫米；花盘肉质，仅包裹心皮基部；心皮2～3（～5），密生黄色绒毛。蓇葖长1～2厘米，密生黄色绒毛。花期5～6月，果期7月（图1）。

图1　川赤芍（来源于《新编中国药材学》第七卷）

二、资源分布概况

我国野生赤芍分布较广，据《中国植物志》（1979）的记载：“芍药自然分布于我国东北、华北、陕西及甘肃南部，在华北分布于海拔480～1000米的山坡、草地、林下，其他各省分布于海拔1000～2300米的山坡、草地”，其中东北地区包括内蒙古东部（呼伦贝尔、兴安盟、通辽、赤峰和锡林郭勒）、黑龙江、吉林、辽宁；华北地区包括内蒙古中部、山西、河北、北京和天津。之后经过学者们实地调查和走访中发现：在四川、宁夏等地也分布少量野生赤芍资源。

据第四次全国中药资源普查结果发现，广大山区、草原的野生赤芍资源过度采挖现象十分严重，赤芍野生资源主产地所在城市的方圆200公里之内的赤芍被挖得几乎绝迹，只有在内蒙古人烟稀少的牧区和远山区尚有部分资源残存，产量已不足20世纪80年代赤芍产量的十分之一，而内蒙古、黑龙江、甘肃、陕西等地已禁止上山采挖野生赤芍，野生赤芍资源略有恢复。近年来，在内蒙古东北部、大兴安岭及其周边等地区陆续开展了赤芍的人工栽培，目前已初具规模。

三、生长习性

赤芍生于海拔1300～2800米的山坡、路边或水边或灌木丛中及疏林下。林下育苗见图2。

图2　赤芍林下育苗

赤芍是长日照植物，在阳光充足处生长最好，但是夏季酷热对赤芍生长不利；在秋、冬季短日照时分化花芽；在春季长日照下开花。

赤芍喜温耐寒，适应性较强，在我国北方地区可以露地栽培。在黑龙江北部嫩江县一带年生长期仅为120天、冬季极端最低温度为-46.5℃条件下，仍能露地越冬，且能正常生长开花。夏季适宜凉爽气候，但也较耐热，在温度高达42℃条件下也能够安全越夏。

赤芍性喜地势高敞、较为干燥的环境，不需要经常灌溉。但若当年雨水不足，尤其是春季开花前缺少水分，常使赤芍开花瘦小，花色不艳。赤芍不耐水涝，积水6～10小时即导致烂根，因此，低湿地区不宜种植赤芍。

赤芍是深根性植物，要求土层深厚。其肉质根粗壮，喜疏松而且排水良好的砂质壤土，但在黏土和沙土中生长较差。如土壤的含水量较高、排水不畅，容易引起赤芍烂根。土壤以中性或微酸性为宜，盐碱地不宜种植赤芍。生长期可以适当增施磷钾肥，以促使枝叶生长茁壮，但应注意肥料含氮量不可过高，以防枝叶徒长。忌连作，多年连续栽种赤芍易导致根系活动范围内的某些营养元素缺乏，同时，根系在生长过程中分泌的有机酸和有毒、有害物质的连年积累，会致使根系受害或生长不良。科学合理的轮作制度可结合分株繁殖3～5年进行1次，常与菊科或豆科植物等轮作。

四、栽培技术

1. 大田直播法

（1）种子直播技术

①种子处理：播种前要对种子进行药剂拌种。拌种的主要药剂有多菌灵、退菌特、波尔多液等杀菌剂，使用时可按说明用其中一种农药进行拌种。干种需浸种催芽。

②苗圃地选择与苗床准备：选择有排灌水条件的砂质壤土作苗圃，秋季将土地翻耕后，建成宽畦，畦长5米左右，宽2～4米，畦高10～15厘米，做好畦后每亩施入充分腐熟的农家肥2000千克（或生物有机肥500千克）作底肥，然后进行翻耕让土壤沉实，再整平耙细。

③播种：采取春季或秋季播种。条播行距40厘米，沟深5厘米左右，用镐开沟为宜。每亩播入种子3～4千克（发芽率达70%以上），隔年种子不宜使用，覆土厚度2～3厘米，为保持土壤墒情，播后要及时镇压或人工踩垄。以后根据气候情况再踩1～2遍，防止土壤失墒芽干。保持表土干松。

但是利用种子直接播种到大田的栽培方法，由于其种子发芽率低，出苗时间长，浪费土地及人力、物力，目前已基本不被用于生产。芍药种子见图3。

图3　芍药种子

（2）芽头繁殖法

①种芽的选择：于春季或秋季收获赤芍，先将赤芍根部从芽头着生点下3～4厘米处全部割下，然后加工成药材，所遗留的即为芽头。再选择形状粗大、发育充实、芽饱满、无病虫害、不空心的健壮芽头，按其大小和芽的多少，切成数块，每块含有芽苞1～2个为宜，留作种苗用。如果主根不壮、分叉多，长出的侧根多而细，质量不佳。

②种芽的处理：留的种芽应选阴凉干燥通风的室内存放，其切口处用草木灰或硫黄粉涂抹，或是直接风干使其切口愈合，防止细菌侵入。晾1～2天，使根变软，栽植时不易折断即可。用稻草洒湿遮盖。贮藏地不宜朝阳，堆放过化肥、农药、石灰等化学物品或是水泥地面均不宜作贮藏地。

③定植栽培：选择在春季或秋季进行定植。可采用大垄栽培，在垄上开沟，将选好的芽头按株距30厘米、行距50～60厘米栽种，芽朝上，用少量土固定芽头，再用腐熟饼肥或有机肥料施入沟内，覆土后稍压即可。

2. 播种育苗法

（1）种子收集与处理　种子一般来自留种田，留种时间一般需5年左右，果实7月末至8月中上旬成熟后收获。采收后的果实在室内摊平，促进种子后熟，5～7天后用阳光暴晒、脱粒。果实内寄生食心虫，严重影响种子品质，可于7月份开花季节用氟氰菊酯熏蒸防治。种子宜趁鲜播种，如果不能趁鲜播种则要冷藏或砂藏保鲜，切记不可晒干，干种不出苗。由于部分地区并没有大面积栽培，因此当地农户是通过采集野生种子的方式进行人工栽培。野生赤芍通常在7～8月开花，采收后按照留种田种子处理方法进行处理与贮存。

（2）播种　每年秋季进行播种育苗，采用高畦播种，在畦面横向开沟，沟深3厘米，行距20厘米，将种子均匀撒于沟内，覆土踏实，浇透水，再覆盖2～3厘米厚腐熟牛、马粪，用白色塑料布盖严。翌年5月中旬去掉塑料布。一般采用机械播种。

（3）苗圃管理　播种后，经常检查苗床，观察苗床墒情和出芽情况，如遇干旱，及时浇水，有条件的地方可采用喷灌，保持土壤合理墒情。播种后，次年5月开始出苗，每年5～6月追施农家肥1次，冬季在畦面铺圈肥或土杂肥以保安全越冬。头两年幼苗矮小，在畦面铺上圈肥，不仅能增加肥力，还能抑制杂草的生长。当苗4～5片复叶时进行间苗和定苗，间苗标准为成苗20万～35万株/亩，苗间距3～4厘米。赤芍育苗地见图4。

图4　赤芍育苗地

（4）大田移栽　以在苗床上培育2～3年的种苗进行移栽为佳，若选择在春季栽植，应选择在土壤5厘米深处、地温稳定在5～8℃时进行。秋栽一般选在8月下旬或9月上旬进行移栽，行距50～60厘米，株距25～30厘米。移栽时将种苗地上部分剪掉，顶芽朝上放入沟中，使苗根舒展，盖土4.5～5厘米，踩实。移栽后及时浇透水。如条件允许，可在床面上覆盖一层稻草。

3. 选地与整地

（1）选地　赤芍以根入药，入土深，应选择地势平坦、土层深厚、土质疏松肥沃、排水良好的砂质土地，最好为黄砂土地，不宜选用低洼积水地、黏土地。坡地种植时，应选在阳坡，以坡向东南为宜。土壤有机质含量1%左右，pH6.5～7.0，保肥保水能力较强，通透性能良好的土壤或轻土壤。选择在马铃薯、豆类作物或禾本科作物等茬地为宜，不应选择甜菜、向日葵茬地。

（2）整地　对种植赤芍地块，一般在秋季进行深翻整地，翻地深度45厘米以上，翻后田间打埂整平耙细，有条件可做成规格小畦，畦宽5米左右，长随地块长短而定，整地时畦内清除根茬碎石，田面整平耙细。

4. 田间管理

（1）中耕除草　中耕能疏松土壤，增加土地通透性。早春中耕既保墒又提高地温。雨季松土能加快水分蒸发，减少土壤湿度，利于根生长。中耕一般在芽头出土后进行，浅耕3～5厘米，切忌株旁松土，以免损伤芽头和幼根，影响生长。以后定时松土，及时除草，保持土壤疏松无杂草即可。

栽种后，第2年红芽露出后，应立即中耕除草，此时的赤芍根纤细，扎根不深，不宜深锄。5、6月各中耕除草1次。

（2）培土、灌溉　每年冬季在清理枯枝残叶的同时，应培土1次。于每年10月中旬地冻前，在距地面6～9厘米处，剪去其枝叶，并于根际处进行培土，厚约15厘米，以防止越冬时芽露出地面枯死。在夏季高温干燥时期，也应适当培土抗旱。有条件的地区，可以灌溉。多雨季节，要及时排水。

（3）摘蕾　现蕾时，选晴天将花蕾全部摘除，以利根部生长。留种的植株，可适当去掉部分花蕾，使种子充实饱满。

（4）修根　修根是提高赤芍质量的有效措施，将主根2/3的泥土扒掉，用小刀割去主根上所有侧根及芽头下的细根，然后再培土。

5. 病虫害防治

主要病虫害为灰霉病、锈病、叶斑病、蛴螬、地老虎等，具体的发病病状及防治方法等见白芍篇。

五、采收加工

1. 采收

种子繁殖和用芽头繁殖的赤芍采收期限有所不同，种子繁殖的赤芍采收期限要更长，通常5年后收获，而用芽头繁殖者，则移栽后4～5年适宜采收。赤芍一般在秋季8～9月份收获，过早或过迟，均会影响赤芍的产量和质量。选在晴天，将茎叶割下，可采用人工或深松挖采机挖出全根。

2. 加工

（1）除杂　人工挑除夹杂于其中的枯枝，并剔除破损、虫害、腐烂变质的部分。

（2）清洗　赤芍挖出后，应尽快洗去根及根茎上附着的泥土等杂质。可采用不锈钢网筐人工流水冲洗方法或者采用高压水枪清洗。

（3）修剪　去掉根茎及须根等杂质，切去头尾，修平，按大小分放。

（4）干燥　经修剪好的芍根，理直弯曲，进行晾晒或烘至半干，按大小捆成小把，以免干后弯曲。之后晒或烘至足干即可。

六、药典标准

1. 药材性状

本品呈圆柱形，稍弯曲，长5～40厘米，直径0.5～3厘米。表面棕褐色，粗糙，有纵沟和皱纹，并有须根痕和横长的皮孔样突起，有的外皮易脱落。质硬而脆，易折断，断面粉白色或粉红色，皮部窄，木部放射状纹理明显，有的有裂隙。气微香，味微苦、酸涩。

赤芍鲜药材见图5，赤芍干药材见图6。

2. 显微鉴别

本品横切面：木栓层为数列棕色细胞。栓内层薄壁细胞切向延长。韧皮部较窄。形成层成环。木质部射线较宽，导管群作放射状排列，导管旁有木纤维。薄壁细胞含草酸钙簇晶，并含淀粉粒。

图5　赤芍鲜药材

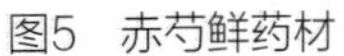

图6　赤芍干药材

七、仓储运输

1. 仓储

以身干、无芦、无须、无杂质、无虫蛀、无霉变为合格。按粗细长短分开，捆成把即可。贮于通风、干燥、阴凉处，贮藏温度要求在30℃以下，相对湿度为60%～70%，商品安全水分为10%～13%，防虫蛀及霉变。

2. 运输

运输车辆的卫生合格，温度在16～20℃，湿度不高于30%，具备防暑、防晒、防雨、防潮、防火等设备，符合装卸要求；进行批量运输时应不与其他有毒、有害、易串味物质混装。

八、药材规格等级

赤芍以条粗长、断面粉白色，粉性大者为佳。在《现代中药材商品通鉴》中记录了赤芍地区分级以及出口分级规格。其中赤芍按地区的不同而进行地域分级如下。

（1）多伦赤芍　产于内蒙古多伦一带，质量为赤芍之最。其条粗长、两头平，皮赤多脱，色粉白，质糯而脆。又分为秃面、王、匀等档。

（2）西赤芍　多产于西北诸省，质量略次于多伦赤芍。

（3）会赤芍　产于西南诸省，又称川赤芍。质带硬性，内色近淡红色、黄白色。

（4）京赤芍　又称北赤芍。纺锤形，皮黑褐色，内色白，粉性。质坚硬，折断有声。

优质赤芍不仅国内有刚性需求同时也畅销海外，在《现代中药材商品通鉴》一书中，将赤芍出口品按照条粗长分为一等、二等、三等三种等级，其具体内容如下。

①一等：长度30厘米以上，中间直径1.2厘米以上，允许有直径够、长度不够，但长度低于15厘米者不超过6%。

②二等：长度20厘米以上，中间直径1～1.2厘米，允许有直径够、长度不够，但长度低于15厘米者不超过6%。

③三等：长度30厘米以上，中间直径0.7～1厘米，允许有直径够、长度不够，但长度低于15厘米者不超过6%。

除上述分级方法外，在《七十六种药材商品规格标准》一书中将赤芍规格分为一等和二等两个等级，其分级如下。

（1）一等　呈圆柱形，稍弯曲，表面暗棕色或紫褐色。体轻质脆，断面粉白色或粉红色，粉性足。长16厘米以上。两端粗细较均匀，中部直径1.2厘米以上。无疙瘩头、空心、须根、杂质、虫蛀、霉变。

（2）二等　断面粉白色或粉红色，有粉性。长15厘米以下，中部直径0.5厘米以上，余与一等同。

现在所使用的规格等级具体内容如下。

（1）一等　干货。呈圆柱形，稍弯曲，外表有纵沟或皱纹，皮较粗糙。表面暗棕色或紫褐色。体轻质脆。断面粉白色或粉红色，中间有放射状纹理，粉性足。气特异，味微苦酸。长16厘米以上，两端粗细较匀，中部直径1.2厘米以上。无疙瘩头、空心、须根、杂质、虫蛀、霉变。

（2）二等　干货。呈圆柱形，稍弯曲，外表有纵沟或皱纹，皮较粗糙。表面暗棕色或紫褐色。体轻质脆。断面粉白色或粉红色，中间有放射状纹理，有粉性。气特异，味微苦酸。长15.9厘米以下，中部直径0.5厘米以上。无疙瘩头、空心、须根、杂质、虫蛀、霉变。

川赤芍则均为统装。

内蒙古是赤芍道地药材分布的区域，根据其性状特征，内蒙古所产赤芍大体可分为一等、二等、三等三个等级，其具体内容如下。

①一等：长16厘米以上，直径1.2厘米以上，无疙瘩头、空心、须根、杂质、虫蛀、霉变。允许有直径够、长度不够，但长度达不到规定范围的不超过10%。

②二等：长10～16厘米，直径0.7～1.2厘米，无疙瘩头、空心、须根、杂质、虫蛀、霉变。允许有直径够、长度不够，但长度达不到规定范围的不超过10%。

③三等：长10厘米以下，直径0.7厘米以下，基本无疙瘩头、空心、须根、杂质、虫

蛀、霉变。允许有直径够、长度不够，但长度达不到规定范围的不超过10%。

九、药用食用价值

1. 临床常用

赤芍清热凉血，散瘀止痛。用于热入营血，瘟毒发　，吐血，目赤肿痛，肝郁胁痛，经闭痛经，癥瘕腹痛，跌仆损伤，痈肿疮疡。

（1）治风入腹，攻五脏，拘急不得转侧，阴缩，手足厥冷，腹中疠痛　赤芍、桂心、甘草（炙）、防风（去叉）、川芎各一两；川乌（炮裂　去皮脐）二两。每服三钱，以水一中盏，入生姜半分，枣二枚，煎至六分，去滓，不　时，稍热服。

（2）历节风，骨节疼痛，四肢微重，行立无力　芍60克，附子30克（炮裂，去皮、脐），桂心90克，芎䓖30克，当归60克，汉防己30～　克，萆薢30克（锉），桃仁15克（汤浸，去皮、尖、双仁，麸炒微黄），海桐皮60克。　药捣筛为散。每服15克，以水300毫升，加生姜4克，煎取150毫升，去滓，空腹时温服

（3）热病，心腹胀满，或时疼痛，饮食全微　芍半两，柴胡半两（去苗），桔梗半两（去芦头），木通3分（锉），赤茯苓半两，鳖甲半两　醋炙令黄，去裙襕），郁李仁半两（汤浸，去皮尖，微炒）。上为散。每服4钱，以水一中　煎至6分，去滓温服，不拘时候。

（4）妇人月水不通，心腹胀满，腰间疼痛　芍3分，柴胡1两（去苗），菴蕳子半两，土瓜根半两，牛膝3分（去苗），枳壳半两（麸　黄，去瓤），牡丹皮半两，桂心半两，桃仁3分（汤浸，去皮、尖、双仁，麸炒微黄）　川大黄1两（锉碎，微炒），川朴硝3分。上为散。每服3钱，以水一中盏，加生姜半分，　至6分，去滓，食前温服。

（5）伤寒阳证咳逆　赤芍，以沸汤浸7遍　每遍以瓦盆盖少时，数足取出，炒燥。上为末。每服1钱，加淡豆豉3两，生姜1片，水7分，煎至5分，放温服，不拘时候。

2. 食疗及保健

研究表明赤芍具有多种保健功能，如提高抗缺氧能力、防止血栓形成、预防应激性溃疡、降低门静脉高压、解痉作用、抗血小板聚集、增进食欲以及促消化等，因此赤芍在食品与保健食品行业中有着巨大的应用前景。

赤芍用于药膳，如赤芍银耳饮，具有清肝泻火、滋阴润燥、补脾健胃、散瘀止痛、益气安眠的功效。赤芍用于凉茶，如广东凉茶——丹皮赤芍茶，配方为赤芍、紫草各11克，

牡丹皮14克，生地黄29克。可清热解毒，凉血止血。

参考文献

[1] 杨纯瑜. 中国芍药属药用植物资源[J]. 中药材，1991，14（12）：42-45.

本品为伞形科植物柴胡*Bupleurum chinense* DC.或狭叶柴胡 *Bupleurum scorzonerifolium* Willd.的干燥根。按性状不同，分别习称“北柴胡”和“南柴胡”。以下主要介绍柴胡（即北柴胡）的相关内容。

一、植物特征

为多年生草本植物。株高40～85厘米。主根较粗大，坚硬。茎单一或数茎丛生，上部多回分枝，微作“之”字形曲折。叶互生；基生叶倒披针形或狭椭圆形，长4～7厘米，宽6～8毫米，先端渐尖，基部收缩成柄；茎生叶长圆状披针形，长4～12厘米，宽6～18毫米，有时达3厘米，先端渐尖或急尖，有短芒尖头，基部收缩成叶鞘，抱茎，脉7～9，上面鲜绿色，下面淡绿色，常有白霜。复伞形花序多分枝，顶生或侧生，梗细，常水平伸出，形成疏松的圆锥状；总苞片2～3或无，狭披针形，长1～5毫米，宽0.5～1.2毫米，很少1或5脉；伞辐3～8，纤细，不等长，长1～3厘米；小总苞片5～7，披针形，长3～3.5毫米，宽0.6～1毫米，先端尖锐，3脉，向叶背凸出；小伞形花序有花5～10，花柄长约1.2毫米，直径1.2～1.8毫米；花瓣鲜黄色，上部内折，中肋隆起，小舌片半圆形，先端2浅裂；花柱基深黄色，宽于子房。双悬果广椭圆形，棕色，两侧略扁，长2.5～3毫米，棱狭翼状，淡棕色，每棱槽中有油管3，很少4，合生面4。花期7～9月，果期9～11月。（图1）

图1　柴胡

二、资源分布概况

北柴胡主要分布于黑龙江、吉林、辽宁、河北、山西、陕西、甘肃、山东、湖北、江苏、江西等地，是分布较广的一种药用植物。黑龙江省北柴胡主要分布于山区和半山区，黑龙江省东部是北柴胡道地产区之一。

三、生长习性

柴胡生于干燥草原、向阳山坡及灌木林缘等处。喜温暖湿润气候。耐寒、耐旱、怕涝、宜选干燥山坡，土层深厚、疏松肥沃、富含腐殖质的砂质壤土栽培。不宜在黏土和低洼地栽种。

四、栽培技术

1. 繁殖方法

用种子繁殖，分直播法或育苗移栽法。从2～3年生且健壮、无病虫害的植株上采集种子。9～10月果实稍带褐色时，收割全株，晾干、脱粒、滤净，贮藏备用。直播法：春播于3～4月，秋播在10月，以秋播为宜。条播，按株距15～20厘米、深2厘米开沟，将种子均匀撒入沟内，薄覆细土，稍加镇压，浇水，每公顷用种量22.5千克。育苗移栽法：条播或撒播，按行距6～10厘米开沟播种，浇水，保持土壤湿润。培育1年，按行株距6厘米×6厘米开穴栽种。种子发芽率约50%，温度在20℃，并有一定湿度，播后约7天出苗，温度低于2℃，则要10天出苗。

2. 播种育苗法

（1）种子繁殖　可直接或育苗后移栽。大面积生产多用直播法，种子发芽率约50%，温度在20℃左右，有足够的湿度，播种后7天即可出苗，如果温度低于20℃，则需要10余天才能出苗。

（2）直播法　于冬季结冻前或春季播种。春播于4月下旬至5月上旬进行，播前应先将地烧透水，待水渗下，坡地稍平时按行距17～20厘米条播。沟深1.8厘米，均匀撒入种手，覆土0.7～1厘米，每公顷用种子22.5千克左右，经常保持土壤湿润，约10～12天出苗。

（3）育苗移栽法　育苗移栽选阳畦，在4～5月播种，条播或均匀撒播。条播行距10厘米，划小浅沟，将种子均匀撒入沟内，覆土盖严。稍镇压一下，用喷壶洒水，或者先向阳畦的床上灌水，待水渗下后再行播种。均匀撒完种子后，再用竹筛筛上一层细土覆盖畦面，播种畦上加盖塑料薄膜或盖上一层草帘，有利于保温保湿，可加速种子发芽出苗。待苗高7厘米时即可挖取带土块秧苗定植到大田去，行距17～20厘米，株距7～10厘米，定植后要及时浇水，定植苗生出新叶，叶片开始扩展的时候，轻轻松土一次。做好保墒保苗工作是高产的关键。

3. 选地与整地

（1）选地　柴胡多野生，近几年由于采挖造成药源不足，故将野生柴胡家植。选择砂壤土或腐殖质土的山坡梯田栽培，不宜选择黏土和易积水的地段种植。如果是在开垦的荒地播种时，应清除田间的石块、树枝等。

（2）整地　播前施足基肥，每公顷施圈肥22 500千克左右、过磷酸钙75千克，均匀撒入，翻耕25～30厘米，而后仔细耙平，作宽100～130厘米的平畦或30厘米宽的高垄以备播种。

4. 田间管理

柴胡幼苗期怕强光直射，可以和玉米、芝麻、大豆、小麦等作物套种。春季或秋季，将柴胡种子撒在小麦行间或田埂上，稍加覆土，小麦收后再种玉米，秋季玉米收后，放倒秆子，使柴胡充分生长，第二年再种上矮小植物。

出苗前保持土壤湿润，出苗后要经常除草松土。直接在苗高3厘米时，间过密的苗。苗高7厘米时，结合松土除草，按7～10厘米株距定苗。苗长到17厘米高时，每公顷追施过磷酸钙225千克、尿素75千克。在松土除草或追肥时，注意勿碰伤茎秆，以免影响产量。第一年新播的柴胡茎秆比较细弱，在雨季到来之前应中耕培土，以防止倒伏。无论直播或育苗定植的幼苗，生长第一年只生长基生叶，很少抽薹开花。第二年田间管理时，7～9月花期除留种外，植株及时打蕾。目前，野生的柴胡不易收到种子，在人工栽培的场地最好留有采种圃，注意繁殖收获种子，以利扩大种植面积。柴胡种植地见图2。

图2 柴胡种植地

5. 病虫害防治

（1）锈病 是真菌引起的，危害叶片，病叶背略呈隆起，后期破裂散出橙黄色的孢子。

防治方法 采收后清园烧毁，发病初期喷50%二硝散200倍液或敌锈钢400倍液，10天打1次，连续2～3次。

（2）根腐病 主要危害柴胡的根部，使其腐烂、枯萎，甚至死亡。

防治方法 打扫田间卫生，燃烧病株，高畦种植，注意排水。土壤消毒，拔除病株，用石灰穴位消毒。

（3）斑枯病　雨季发生，用1∶1∶100波尔多液喷雾防治。

（4）黄凤蝶　属鳞翅目凤蝶科，在6～9月份发生危害。幼虫危害叶、花蕾，吃成缺刻或仅剩花梗。

防治方法　人工捕杀。用青虫菌（每克含孢子100亿）300倍液喷雾效果也很好。

（5）赤条棒蟓　属半翅目刺肩椿科，6～8月发生危害。成虫和若虫吸取汁液，使植株生长不良。

防治方法　人工捕杀。

五、采收加工

1. 采收

赤峰播种后生长2年即可采挖。秋季植株开始枯萎时、春季新梢未长出前采收。采挖后除去残茎，抖去泥土，晒干或切断后再晒干，每公顷产1800～2700千克。（图3）

图3　柴胡秋收

2. 加工

平整干净的水泥地面上架设荫棚，将采收的柴胡整齐摆放成行。每隔约3小时上下翻倒一次，直至晾干。

六、药典标准

1. 药材性状

北柴胡　本品呈圆柱形或长圆锥形，长6～15厘米，直径0.3～0.8厘米。根头膨大，顶端残留3～15个茎基或短纤维状叶基，下部分枝。表面黑褐色或浅棕色，具纵皱纹、支根痕及皮孔。质硬而韧，不易折断，断面显纤维性，皮部浅棕色，木部黄白色。气微香，味微苦。（图4）

图4　北柴胡药材
（来源于《新编中国药材学》第三卷）

2. 检查

（1）水分　不得过10.0%。

（2）总灰分　不得过8.0%。

（3）酸不溶性灰分　不得过3.0%。

3. 浸出物

照醇溶性浸出物测定法项下的热浸法测定，用乙醇作溶剂，不得少于11.0%。

七、仓储运输

1. 仓储

用于包装的北柴胡药材含水量应控制在10%以下，包装前应检查并清除劣质银柴胡及异物。包装应采用食物或药品级别的无公害材料进行，包装材料应清洁、干燥、无污染、无破损，除可循环使用材料制成的包装原料外，包装材料不能重复使用。

储藏室要求要建立在地势高的地方，室内要低温、干燥、通风、清洁卫生，不漏雨，无异味。药材一定要分批存放。药材的摆放要整齐，留有通道，能够较容易计算出商品的数量。定期检查，注意防鼠，保持清洁。在库的日常养护是保证药材质量的重要环节，首先利用空气的自然流动或排风设备使库内外的空气及时交换，达到调节库内空气及温湿度的要求；其次对库房、贮藏踏板及容器保持清洁和定期消毒，以杜绝害虫、霉菌等的传播生存，防止药材发生虫蛀、霉变、腐烂、泛油等现象。

2. 运输

运输车辆要及时清洗、消毒，确保清洁。运输容器须干燥，具有较好的通气性，并有防雨、防潮措施。北柴胡批量运输时，禁止与其他有毒、有害、易串味物质混装。

八、药材规格等级

统货　干货。呈圆锥形，上粗下细，顺直或弯曲，多分支。头部膨大，呈疙瘩状，残茎不超过1厘米。表面灰褐色或土棕色，有纵皱纹。质硬而韧，断面黄白色，显纤维性。微有香气，味微苦辛。无须毛、杂质、虫蛀、霉变。

九、药用价值

临床常用

（1）感冒，寒热阵发，呕吐，疟疾　柴胡6克，黄芩10克，姜制半夏10克，水煎服。

（2）寒热往来，胸胁胀满，心烦呕吐　柴胡12克，党参10克，黄芩10克，姜制半夏6克，生姜10克，甘草10克，大枣5枚，水煎服。

（3）肝郁胸肋脐腹胀痛　柴胡10克，白芍12克，当归10克，枳壳10克，青皮10克，水煎服。

（4）月经不调，经来胸腹胀痛　柴胡10克，当归10克，白芍10克，白术（炒）10克，水煎服；柴胡12克，当归12克，白芍12克，白术10克，茯苓10克，甘草10克，生姜6克，水煎服；柴胡10克，当归10克，白芍10克，香附10克，川楝子10克，水煎服。

（5）子宫下垂，脱肛　柴胡10克，当归10克，党参10克，升麻6克，水煎服；柴胡6克，党参12克，黄芪15克，升麻15克，水煎服。

（6）神经衰弱，烦躁，心悸　柴胡6克，龙骨15克，牡蛎15克，水煎服。

（7）无黄疸型肝炎（气滞型）　柴胡10克，当归10克，白芍10克，郁金10克，栀子10克，板蓝根15克，夏枯草15克，枳壳6克，水煎服。

（8）妇女月经不调　柴胡10克，丹参15克，白芍12克，当归10克，水煎服。

（9）急性胆囊炎　柴胡15克，川楝子15克，法半夏10克，乳香10克，没药10克，莪术6克，三棱6克，甘草5克，生姜2片，水煎服，每日1剂，连服15日为1个疗程。

（10）慢性副鼻窦炎　柴胡15克，乌梅15克，防风15克，甘草15克，水煎服。

参考文献

[1] 王斌，张腾霄，马松艳，等．柴胡的临床应用及配伍规律研究[J]．时珍国医国药，2012，23（1）：225–227.

[2] 张泓．柴胡在临床中的应用[J]．医药前沿，2014（33）：355–356.

[3] 孟旭，张广中．柴胡类经方治疗皮肤病概述[J]．环球中医药，2013，6（12）：952–955.

shui fei ji
水飞蓟

本品为菊科植物水飞蓟*Silybum marianum*（L.）Gaertn.的干燥成熟果实。

一、植物特征

为一年生或二年生草本，高1.2米。茎直立，分枝，有条棱，极少不分枝，全部茎枝有白色粉质覆被物，被稀疏的蛛丝毛或脱毛。莲座状基生叶与下部茎叶有叶柄，全形椭圆形或倒披针形，长达50厘米，宽达30厘米，羽状浅裂至全裂；中部与上部茎叶渐小，长卵形或披针形，羽状浅裂或边缘浅波状圆齿裂，基部尾状渐尖，基部心形，半抱茎，最上部茎叶更小，不分裂，披针形，基部心形抱茎。全部叶两面同色，绿色，具大型白色花斑，无毛，质地薄，边缘或裂片边缘及顶端有坚硬的黄色的针刺，针刺长达5毫米。头状花序较大，生枝端，植株含多数头状花序，但不形成明显的花序式排列。总苞球形或卵球形，直径3～5厘米。总苞片6层，中外层宽匙形，椭圆形、长菱形至披针形，包括顶端针刺长1～3厘米，包括边缘针刺宽达1.2厘米，基部、下部或大部紧贴，边缘无针刺，上部扩大成圆形、近菱形或三角形的坚硬的叶质附属物，附属物边缘或基部有坚硬的针刺，每侧针刺4～12个，长1～2毫米，附属物顶端有长达5毫米的针刺；内层苞片线状披针形，长约2.7厘米，宽4厘米，边缘无针刺，上部无叶质附属物，顶端渐尖。全部苞片无毛，中外层苞片质地坚硬，革质。小花红紫色，少有白色，长3厘米，细管部长2.1厘米，檐部5裂，裂片长6毫米。花丝短而宽，上部分离，下部由于被黏质柔毛而黏合。瘦果压扁，长椭圆形或长倒卵形，长7毫米，宽约3毫米，褐色，有线状长椭圆形的深褐色色斑，顶端有果缘，果缘边缘全缘，无锯齿。冠毛多层，刚毛状，白色，向中层或内层渐长，长达1.5厘米；冠毛刚毛锯齿状，基部连合成环，整体脱落；最内层冠毛极短，柔毛状，边缘全缘，排列在冠毛环上。花期、果期5～10月。（图1）

二、资源分布概况

主要分布于辽宁、河北、江苏。我国各地公园、植物园或园庭都有栽培。

三、生长习性

水飞蓟喜凉爽干燥气候，适应性强，对土壤、水分要求不严，沙滩地、盐碱地均可种植。水飞蓟性耐寒、耐旱，亦能耐高温，幼芽可抗–2℃低温，苗期是比较耐低温的，–8℃不至于死亡，遇霜冻叶色变暗，当气温回升后很快就恢复正常，无冻害现象。

图1　水飞蓟

四、栽培技术

1. 种植材料

选粒大、饱满、色黑、无病虫害、发芽率高的种子。水飞蓟种子用0.3%的多菌灵或退菌特拌种处理防病，虫害多的地块可用辛硫磷拌种防虫。

2. 选地与整地

（1）选地　水飞蓟对土壤要求不严，在荒原、荒滩地、盐碱地、山地均能正常生长。因不易管理，人工较难收获，最好选择在地头、地边、林边、沟边、路边种植，既便于收获，又是做天然屏障最好的作物。宜选开荒地、废弃地、土壤肥力较差的地块，不能选择低洼积水地块。机械种收作业的，应选较平整的地块。

（2）整地　水飞蓟生长繁茂，瘠薄地块，整地时每亩施有机肥4000千克、磷酸二铵15千克、尿素8千克，撒散均匀，翻拌于20～30厘米深的土层中。要求土壤细碎，以利出苗。在地边、沟边种植，可垄距60～70厘米，起4～6条垄。

3. 播种

水飞蓟种子和幼苗不怕冻，可顶浆播种，种完小麦就可以种植水飞蓟。黑龙江省南部在4月上旬，北部在4月下旬。适期早播，利于水飞蓟先扎根，后长苗，根条发达，苗齐苗旺，提高产量。但也不能过早，过早地冻种植达不到深度，地温低，出苗慢，不利保苗。

（1）直播　人工垄上刨坑，埯坑20～30厘米，深度8～10厘米，每穴施磷酸二铵3克，覆土4厘米，然后每埯播种3～4粒，再覆土3～4厘米。如果天气干旱，可以坐水播种，一般每亩播种量0.5千克左右。也可人工在垄上搂沟，施肥覆土，播种，种子间距3～5厘米，播后覆土3～4厘米。

（2）机械播种　用大豆精量点播机进行垄上直接播种。施肥箱播肥量控制在每亩施磷酸二铵15千克以内，每1份种子拌1.5倍炒熟的小麦，要拉开均匀直接播种，一般每亩用种子0.5千克，用熟小麦0.75千克。西部地区也可用播种机平播，行距60厘米，株距3～5厘米，每亩用种子量0.6千克。

（3）育苗　做120厘米宽的苗床，每亩施有机肥5000千克、磷酸二铵15千克，均匀拌入床中。在床上按10厘米行距开沟深4厘米，以种距2厘米撒播，然后覆土、浇水、盖小拱棚。水飞蓟出苗后要注意经常清除杂草。也可在塑料棚中用育苗秧盘育苗，每穴放种子2～3粒。

（4）移栽　可在5月初移入田间。在垄上按株距20～30厘米刨埯，埯施尿素1克拌入土中，放苗、盖土、浇水，然后再覆土。因水飞蓟是直根系，起苗时要深挖多带土，苗不能过大。移栽的分枝少，密度可适当加大，每埯可栽2～3株。

（5）密度　在一般栽培条件下，生产田每亩保苗2000～5000株。如果在较肥沃土地上，黑龙江省南部每亩保苗2000株左右，中部每亩保苗3100株左右，北部每亩保苗4500株左右；如果在黄土、沙土等瘠薄土地上，黑龙江省南部每亩保苗3000株左右，中部每亩保苗4200株左右，北部每亩保苗5500株左右。如果播期延后，密度还要增加。机械大面积收获的在中北部地区，5月20日至6月5日播种的，每亩保苗可增加到1.2万～1.5万株。

水飞蓟种植地见图2。

4. 田间管理

（1）除草　要及时进行中耕除草，第1次要适早进行，做到锄早、锄小、锄净，第1次中耕除草最好结合深松，达到放寒、增温、蓄水的目的，据地情、苗情、草情也可进行第2遍铲趟。单子叶杂草多时可用精禾草克灭草。

图2　水飞蓟种植地

（2）定苗　当苗高5～10厘米时结合除草间苗，参照密度中介绍苗距可15～20厘米，在8月上、中旬如遇连雨，将每株的主枝除掉，以免里面核发生赤霉病而影响品质。

（3）施肥　定苗后每公顷追施尿素150千克、过磷酸钙300千克。基生叶生长至抽花茎时，喷施2克/千克磷酸二氢钾或叶绿精800倍液，每7～10天喷1次，连喷2～3次。植株开始孕蕾时，如遇干旱天气要及时灌水；植株进入开花结实后期，如遇干旱也应灌水，雨季则注意排水。

（4）摘除主蕾　当水飞蓟长到70～80厘米时，开始出现主蕾，可用人工或机械去掉主蕾，其目的是促使枝蕾迅速生长，成熟期集中，缩短收获期，可增产10%～20%。

5. 病虫害防治

（1）软腐病　主要发生在叶片、叶柄、茎部，花蕾和果实上也有发生。

防治方法　1%福尔马林浸种；定期喷洒代森锌600倍液或代森铵1000倍液；杀菌剂拌种。

（2）根腐病　在高温高湿条件下易发生，主要表现为根部腐烂，严重时植株猝倒而死亡，造成严重减产或绝产。

防治方法　选择排水良好的地块种植水飞蓟；阴雨连绵时及时排除田间积水；发现

病株及时拔除并烧毁，防止病害蔓延；用福美双等杀菌剂拌种。

（3）白绢病　发生在茎基部，病部呈褐色，长有白色绢丝状菌丝体，导致茎叶腐烂、茎叶凋萎。

防治方法　可使用石灰硫磷合剂、代森铵1000倍液、代森锌600倍液或50毫克/升的农用链霉素喷洒。

（4）虫害　水飞蓟主要虫害有菜青虫、蚜虫、金龟子等。

防治方法　蚜虫可用啶虫脒、吡虫啉喷雾防治；菜青虫可用10%杀灭菊酯2000～3000倍液喷雾防治。

五、采收加工

1. 采收

（1）人工采收　因水飞蓟叶片和果实有坚硬的针刺，要有较耐用而防刺扎的手套和防护服。对已成熟的果实，一定要成熟一批收获一批，分期分批将成熟的果实收回来，经过3～4次即可全部收回。

（2）机械采收　大面积生产田，在种植时为机械收获创造条件的地块，可进行机械收获。作业方式应采取分段收获，而不应采取联合（直接）收获。

2. 加工

（1）人工采收后加工　每次收回的果实先进行晾晒，待晾晒干燥后，统一进行脱粒，脱粒后还要出风和晾晒，达到安全水分后方可入库贮藏、待售。

（2）机械采收后加工　分段收获时，水飞蓟在70%～80%成熟时就应采取割晒作业，放倒后，晾晒7～8天。茎秆晒干后方能进行捡拾脱粒。脱谷后籽粒要清理和晾晒，其水分达到10%左右方可入库贮藏、待售。

六、药典标准

1. 药材性状

本品呈长倒卵形或椭圆形，长5～7毫米，宽2～3毫米。表面淡灰棕色至黑褐色，光滑，有细纵花纹。顶端钝圆，稍宽，有一圆环，中间具点状花柱残迹，基部略窄。质坚硬。破开后可见子叶2片，浅黄白色，富油性。气微，味淡。（图3）

图3　水飞蓟药材
（来源于《新编中国药材学》第一卷）

2. 显微鉴别

本品粉末灰褐色。外果皮细胞表面观类长多角形，有的细胞含有色素。中果皮细胞圆柱形或椭圆形，壁具网状纹理。草酸钙柱晶散在。内果皮石细胞表面观宽梭形，层纹不明显。子叶细胞含有细小簇晶和脂肪油滴。

3. 检查

（1）水分　不得过10.0%。

（2）总灰分　不得过9.0%。

4. 浸出物

照醇溶性浸出物测定法项下的热浸法测定，用乙醇作溶剂，不得少于18.0%。

七、仓储运输

1. 仓储

先晒干，后低温保存。药材入库前应详细检查有无虫蛀、发霉等情况。日常经常检查，保证库房干燥、清洁、通风。

2. 运输

运输车辆的卫生合格，温度在16～20℃，湿度不高于30%，具备防暑、防晒、防雨、防潮、防火等设备，符合装卸要求；进行批量运输时应不与其他有毒、有害、易串味物质混装。

八、药用价值

临床常用

（1）治疗肝脏疾病　水飞蓟素对下列物质造成的肝损害有保护作用：四氯化碳、*D*-半乳糖胺、乙醇、硫代乙酰胺、单猪屎豆碱、硝酸钠等。但是水飞蓟并不是对所有肝毒性物质都有解毒作用，它对大剂量乙醇引起的肝脂肪性病变、黄磷中毒造成的肝脂肪性病变、*α*-萘异硫氰酸酯产生的肝损害无保护作用。有文献报道，以水飞蓟片剂口服治疗256例慢性迁延型肝炎、慢性活动型肝炎患者，总有效率为74.6%，症状、体征、肝功能等均有明显改善，使用中未发现任何不良反应。另有文献报道，用水飞蓟乙醇提取物治疗乙型肝炎35例，其中急性者19例，显效16例，有效3例；用水飞蓟种子的细末每日60克口服治疗乙型肝炎39例，结果有效率为92.3%，长期服用未见明显不良反应。临床研究表明，水飞蓟不仅可以治疗各种病毒性肝炎，还可治疗肝纤维化、肝硬化与胆石症。

（2）降血脂作用　亚油酸有降血脂的作用，而水飞蓟种子油中的亚油酸含量达58.89%。有文献报道，用水飞蓟素片治疗高脂血症89例，血清总胆固醇下降率＞10%者占病例数的50%～60%，血清总胆固醇下降率＞20%者占病例数的30%～40%；治疗高甘油三酯血症87例，血清甘油三酯下降率＞10%者占60%～70%，血清甘油三酯下降率＞20%者约占55%。1～3个疗程下降幅度的百分比仅略有差异。经过3年的临床应用，除个别患者有暂时性胃部不适、便秘、咽干等外，未发现其他不良反应。

（3）抗结核作用　飞蓟油的乙醇（90%～95%）提取物（占水飞蓟油的30%）对结核分枝杆菌有抑制作用。有文献报道使用水飞蓟油的乙醇可溶物制成胶丸，治疗轻、中型结核病患者50例，每次150毫克，每日3次，连服2个月，有效率达77.45%，与异烟肼对照无明显差异。治疗期间，肝肾功能、血常规均未见明显变化。部分患者有轻度恶心、上腹部胀痛、食欲减退以及腹泻等症状，对症治疗后可缓解，不影响疗效。

参考文献

[1] 龚千锋. 中药炮制学（第九版）[M]. 北京：中国中医药出版社，2012：271.

[2] 张贵君. 中药商品学（第二版）[M]. 北京：人民卫生出版社，2008：92.

cang zhu 苍术

本品为菊科植物茅苍术*Atractylodes lancea*（Thunb.）DC.或北苍术*Atractylodes chinensis*（DC.）Koidz.的干燥根茎。

一、植物特征

1. 北苍术

为多年生草本，株高40～50厘米。茎单一或上部稍分歧。叶通常无柄，叶片较宽，卵形或窄卵形，长4～7厘米，宽1.5～2.5厘米，一般羽状5深裂，茎上部叶3～5羽状浅裂或不裂；叶互生，下部叶匙形，基部呈有翼的柄状，基部楔形至圆形，边缘有不连续的刺状齿牙，齿牙平展，叶革质，平滑。头状花序稍宽，生于茎梢顶端，基部叶状苞披针形，边缘为长栉齿状，比头状花稍短，总苞长杯状，总苞片7～8列，生有微毛，管状花，花冠白色，夏季开花。根状茎肥大，结节状。瘦果长形，密生银白色柔毛，冠毛羽状。种子萌发出土时为2枚真叶，下胚轴膨大，逐渐形成根茎，随着植株的生长，叶片增多增大，枯萎前一年生苗莲座状，根茎鲜重3～6克；二年生植株开始形成地上茎，根茎扁圆形，长2～2.8厘米，根茎上生长1～5个更新芽，鲜重10～15克；三年生植株开始抽薹开花，根茎粗长，鲜重达25克左右。花期7～8月，果期8～10月。（图1）

图1　北苍术

2. 茅苍术（南苍术）

为多年生草本。根状茎平卧或斜升，粗长或通常呈疙瘩状，生多数等粗等长或近等长的不定根。茎直立，高（15～20）30～100厘米，单生或少数茎成簇生，下部或中部以下常紫红色，不分枝或上部但少有自下部分枝的，全部茎枝被稀疏的蛛丝状毛或无毛。基部叶花期脱落；中下部茎叶长8～12厘米，宽5～8厘米，3～5（7～9）羽状深裂或半裂，基部楔形或宽楔形，几无柄，扩大半抱茎，或基部渐狭成长达3.5厘米的叶柄；顶裂片与侧裂片不等形或近等形，圆形、倒卵形、偏斜卵形、卵形或椭圆形，宽1.5～4.5厘米；侧裂片1～2（3～4）对，椭圆形、长椭圆形或倒卵状长椭圆形，宽0.5～2厘米；有时中下部茎叶不分裂；中部以上或仅上部茎叶不分裂，倒长卵形、倒卵状长椭圆形或长椭圆形，有时基部或近基部有1～2对三角形刺齿或刺齿状浅裂。或全部茎叶不裂，中部茎叶倒卵形、长倒卵形、倒披针形或长倒披针形，长2.2～9.5厘米，宽1.5～6厘米，基部楔状，渐狭成长0.5～2.5厘米的叶柄，上部的叶基部有时有1～2对三角形刺齿裂。全部叶质地硬，硬纸质，两面同色，绿色，无毛，边缘或裂片边缘有针刺状缘毛、三角形刺齿或重刺齿。头状花序单生茎枝顶端，但不形成明显的花序式排列，植株有多数或少数（2～5个）头状花序。总苞钟状，直径1～1.5厘米。苞叶针刺状羽状全裂或深裂。总苞片5～7层，覆瓦状排列，最外层及外层卵形至卵状披针形，长3～6毫米；中层长卵形至长椭圆形或卵状长椭圆形，长6～10毫米；内层线状长椭圆形或线形，长11～12毫米。全部苞片顶端钝或圆形，边缘有稀疏蛛丝毛，中内层或内层苞片上部有时变红紫色。小花白色，长9毫米。瘦果倒卵圆状，被稠密的顺向贴伏的白色长直毛，有时变稀毛。冠毛刚毛褐色或污白色，长7～8毫米，羽毛状，基部连合成环。花期、果期6～10月。

二、资源分布概况

野生北苍术主要分布于黑龙江、吉林、辽宁、内蒙古、河北、山西、陕西、甘肃、宁夏、青海等地。

北苍术主要种植于黑龙江、吉林、辽宁、内蒙古、河北、山西、陕西、甘肃、宁夏、青海等地。

茅苍术主要分布于河南、江苏、湖北、安徽、浙江、江西等地。

三、生长习性

性喜温暖、通气、凉爽、较干燥的气候，耐寒，怕高温高湿。多喜生于向阳山坡，最适生长温度为15～22℃。

四、栽培技术

1. 种植材料

依种子成熟度分期分批进行人工采收，选择的种子应籽粒饱满，无褐变、无虫蛀，将种子摊在通风处阴干，除去杂物，装入布袋或纸箱中，在干燥通风处贮藏。

2. 选地与整地

（1）选地　通常选择土壤肥沃、土层深厚、土质疏松、排水良好且地下水位深、盐碱度低的砂质土，最好向阳。育苗（图2）地最好选较平坦和有水源的地方。移栽地除选条件较好的耕地外，荒坡、荒滩都可选用。

图2 苍术育苗

（2）整地 整地前先施基肥，以有机肥为主。每亩地施腐熟厩肥1000～3000千克、过磷酸钙20～30千克；或硫酸钾型复合肥40千克。深耕约25厘米，整平耙细，做成120厘米宽的平畦，以便灌水。

3. 播种

生产上苍术一般采用种子繁殖、分株繁殖和根茎繁殖的方法。苍术播种见图3。

（1）种子繁殖

①种子采集与处理：于10月上、中旬种子成熟时分期采收成熟种子，将果摘下后，晾干，揉捻，去除杂物，得到饱满、无病虫害的种子。苍术的种子属低温萌发型，发芽快，发芽势强，种子的吸水能力强（可达干种子的3～4倍）。播种前用25～30℃温水浸种，使种子充分吸水，温度保持在10～20℃。待种子萌动、胚根露白，立即播种。

②播种育苗：北方地区一般采用春季播种，时间以4月上、中旬为宜，采用畦面条播或撒播方式。

条播：播幅宽10厘米，行距20厘米，沟深3～5厘米，撒种后覆土1～2厘米。

撒播：将种子均匀撒于畦面后用细土覆盖1厘米左右，每亩用种量4～5千克。为防旱保墒，播后畦面可覆盖长松针或稻草等。出苗前后均需保持畦面湿润，干旱时适当

图3　苍术播种

喷水。覆盖稻草的，出苗后撤除。苗高3厘米时开始间苗，10厘米左右时定苗，苗距3～5厘米。

③种苗移栽：可在4月上旬萌发前或秋季10月下旬地上部分枯萎后进行。种苗要边起边栽，栽前将种苗按大小分级，分别栽植，有利于栽后管理和植株整齐。移栽时，株行距为（10～15）厘米×（20～30）厘米，栽植穴深10～15厘米，每穴放1～2个种栽。栽植时不要窝根，栽后踩实，浇水。秋季栽培可适当增加盖土厚度，以利安全越冬。

（2）分株繁殖　于春季萌芽前，将母苗连根完整挖出，抖去泥土，选择健壮、无损伤、无病虫害的苍术蔸（根及根状茎）作栽培。用刀将每蔸切成若干小蔸，每一小蔸带1～3个根芽，然后按15厘米×30厘米的密度在畦面上定植，栽植时注意根芽朝上，覆土厚度以埋入根芽1厘米为宜。栽后踩实，适当浇水。

（3）根茎繁殖　结合收获，挖取根茎，将带芽的根茎切下，其余作药用，待切口晾干后，按行株距（15～25）厘米×（20～30）厘米开穴栽种，每穴栽一块，覆土压实。

4. 田间管理

（1）中耕除草　幼苗期应勤除草松土，定植后注意中耕除草。如天气干旱要适时灌水，也可以结合追肥一起进行。

（2）追肥　一般每年追肥3次，结合培土，防止倒伏。第1次追肥在5月，施清粪水，每亩用大约1000千克；第2次在6月，苗生长盛期时施入人粪尿，每亩用约1250千克，也可以每亩施用5千克硫铵肥；第3次追肥则应在8月开花前，每亩用人粪尿1000～150千克，同时加施适量草木灰和过磷酸钙。

（3）灌水与排水　若遇干旱要及时浇水，保持土壤湿润，雨季应注意及时排水防涝，以免烂根死苗，降低产量和品质。

（4）除蕾　在7～8月现蕾期，对于非留种地的植株应及时摘除花蕾，以利地下部分生长。

苍术的种植地见图4。

图4　苍术种植地

5. 病虫害防治

（1）黑斑病　苍术黑斑病主要危害苍术叶片，发病植株从基部叶片开始发病，逐渐向上蔓延，病部与健部无明显分界。病斑多从叶尖或叶缘发生，呈圆形或不规则形，黑褐色，少有轮纹。湿度大时斑两面均可生出黑色霉层，严重时病斑连片，叶片呈黑褐色而焦枯脱落。一般地块减产约15%，发病严重的地块产量减产高达70%以上。该病在6月中旬至10月份均有发生，菌丝生长最适温度为25℃；pH4～11均能生长，最适pH6.0～7.0。湿度小、密度大时发病轻，湿度大、密度小时发病重。早春芽萌动前移栽发病较轻，长出2片叶后移栽发病重；疏松、透水性好的土壤发病轻，易板结、土壤表面出现积水、掺有石块的地块发病重；连作能导致病害大发生。

防治方法 农业防治：严格选地，栽植地块要有排灌条件，土壤肥沃疏松、透气性好；尽量选用无病的种子、种苗，移栽时畦面覆盖稻草、枯草或树叶；经常检查田间，发现病株、病叶应立即清除，并用药液处理病区；加强田间管理，降低田间湿度，雨天及时排水；搞好田间卫生，春、秋两季彻底清除病叶、病残体，运出田外烧毁或深埋，以减少或消火病源。化学防治：在做畦时，可用50%的多菌灵7～8克/平方米进行土壤消毒。在播种前，种子可用50%的多菌灵800～1000倍液室温下浸种100～150分钟，或用70%的代森锰锌500倍液浸种1小时进行种子消毒，种苗可用上述两种药液蘸根后移栽。可选用25%阿米西达悬乳剂1000～1200倍液或10%世高水分散性粉剂1200～1500倍液喷雾防治。

（2）根腐病 苍术根腐病主要危害根部，病原菌从根部侵入后，沿维管束向全株扩散，根部发生腐烂，逐渐蔓延至植株根茎，后期根和根茎全部腐烂，地上部萎蔫。一般雨季严重，在低洼积水地段易发生。

防治方法 适当轮作；选用无病种苗，移枝前用50%退菌特100倍液蘸种3～5分钟。雨季注意排水，以防止积水和土壤板结。发病期用50%甲基托布津800倍液进行浇灌。发现病株立即拔除，用50%退菌特可湿性粉剂1000倍液或1%石灰水浇灌病区。

（3）蚜虫 主要危害苍术叶片，吸食叶片的营养物质，影响光合作用的进行，使植株矮小，造成根对营养物质的积累下降，降低产量和质量，并对植株下一年的生长发育造成不利影响。

防治方法 可用苦参碱、吡虫啉等杀虫剂喷杀。

（4）小地老虎 主要蚕食苍术的根茎，影响植株的生长发育，严重时造成减产。

防治方法 春季清除田间周围的杂草和枯枝、落叶，减少和消灭越冬虫蛹。5～6月为繁衍盛期，用40%辛硫磷乳油800～1000倍液拌土或5%二嗪磷乳油500～600倍液灌根。

五、采收加工

1. 采收

苍术的采收年限一般为3～5年。植株枯萎后或春季植株萌芽前进行采收。

2. 加工

采挖后除净泥土和残茎，晒至四五成干时装入专用的滚筒中，滚动滚筒，撞掉须根，呈黑褐色，再晒至六七成干，滚撞第2次，直至大部分老皮撞掉后，晒至全干时再滚撞第3次，至表皮呈黄褐色为止。产量少时，也可采用棒打的方式，去掉须根及老皮。

六、药典标准

1. 药材性状

（1）茅苍术　呈不规则连珠状或结节状圆柱形，略弯曲，偶有分枝，长3～10厘米，直径1～2厘米。表面灰棕色，有皱纹、横曲纹及残留根须，顶端具茎痕或残留茎基。质坚实，断面黄白色或灰白色，散有多数橙黄色或棕红色油室，暴露稍久，可析出白色细针状结晶。气香特异，味微甘、辛、苦。

（2）北苍术　呈疙瘩块状或结节状圆柱形，长4～9厘米，直径1～4厘米。表面黑棕色，除去外皮者黄棕色。质较疏松，断面散有黄棕色油室。香气较淡，微辛、苦。（图5）

图5　北苍术药材

2. 显微鉴别

本品粉末棕色。草酸钙针晶细小，长5～30微米，不规则地充塞于薄壁细胞中。纤维大多成束，长梭形，直径约至40微米，壁甚厚，木化。石细胞甚多，有时与木栓细胞连结，多角形、类圆形或类长方形，直径20～80微米，壁极厚。菊糖多见，表面呈放射状纹理。

3. 检查

（1）水分　不得过13.0%。

（2）总灰分　不得过7.0%。

七、仓储运输

1. 仓储

药材入库前应详细检查有无虫蛀、发霉等情况，凡有问题的包件都应进行适当处理。保证库房干燥、清洁、通风，堆垛层不能太高，要注意外界温度、湿度的变化，及时采取有效措施调节室内温度和湿度。要贮藏于通风干燥处，商品安全含水量10%～13%，本品易吸潮后发霉，必要时可以气调贮藏，发现虫蛀可用磷化铝等熏蒸。

2. 运输

运输车辆的卫生合格，温度在16～20℃，湿度不高于30%，具备防暑、防晒、防雨、防潮、防火等设备，符合装卸要求；进行批量运输时应不与其他有毒、有害、易串味物质混装。

八、药材规格等级

（1）茅苍术　统货，干货。呈不规则连珠状圆柱形，表面灰黑色或黑褐色。质坚。断面黄白色，有朱砂点，露出稍久，有白毛状结晶体。气浓香，味微甜而辛。中部直径0.8厘米以上。无须根、杂质、虫蛀、霉变。

（2）北苍术　统货，干货。呈不规则疙瘩状或结节状，表面黑棕色或棕褐色，质较疏松。断面黄白色或灰白色，散有棕黄色朱砂点。气香，味微甜而辛。中部直径1厘米以上。无须根、杂质、虫蛀、霉变。

九、药用价值

临床常用

（1）脘腹胀满，不思饮食　苍术（去粗皮，米泔浸二日）五斤，厚朴（去粗皮，姜汁制，炒香）、陈皮（去白）各三斤二两，甘草（炒）三十两。上为细末。每服二钱，以水一盏，入生姜二片，干枣二枚，同煎至七分，去姜、枣，带热服，空心、食前入盐一捻，沸汤点服亦得。

（2）太阴脾经受湿，水泄注下，体微重微满，困弱无力、不欲饮食，暴泄无数，水谷不化，如痛甚者　苍术二两，芍药一两，黄芩半两。上锉。每服一两，加淡味桂半钱，水一盏半，煎至一盏，温服。

（3）飧泄　苍术二两，小椒一两（去目，炒）。上为极细末，醋糊为丸，如桐子大。每服二十丸，或三十丸，食前温水下。一法恶痢不愈者加桂。

（4）四时瘟疫，头痛项强，发热憎寒，身体疼痛及伤风鼻塞身重，咳嗽头昏　苍术（米泔浸一宿，切，焙）五两，藁本（去土）、香白芷、细辛（去叶、土）、羌活（去芦）、川芎、甘草（炙）各一两。上为细末。每服三钱，水一盏，生姜三片。葱白三寸，煎七分温服，不拘时。如觉伤风鼻塞，只用葱茶调下。

（5）湿气身痛　苍术，泔浸、切、水煎，取浓汁熬膏。白汤点服。

参考文献

[1]　胡同瑜. 实用中药品种鉴别[M]. 北京：人民军医出版社，2011：213-214.
[2]　张贵君. 现代中药材商品通鉴[M]. 北京：中国中医药出版社，2001：652.
[3]　龚千锋. 中药炮制学（第九版）[M]. 北京：中国中医药出版社，2012：271.
[4]　张贵君. 中药商品学（第二版）[M]. 北京：人民卫生出版社，2008：92.

jin lian hua

金莲花

本品为毛茛科植物金莲花*Trollius chinensis* Bunge或短瓣金莲花*Trollius ledebourii* Reichb.的干燥花。

一、植物特征

1. 金莲花

植株全体无毛。须根长达7厘米。茎高30～70厘米，不分枝，疏生（2～）3～4叶。基生叶1～4个，长16～36厘米，有长柄；叶片五角形，长3.8～6.8厘米，宽6.8～12.5厘米，基部心形，三全裂，全裂片分开，中央全裂片菱形，顶端急尖，三裂达中部或稍超过中部，边缘密生稍不相等的三角形锐锯齿，侧全裂片斜扇形，二深裂近基部，上面深裂片与中全裂片相似，下面深裂片较小，斜菱形；叶柄长12～30厘米，基部具狭鞘。茎生叶似基生叶，下部的具长柄，上部的较小，具短柄或无柄。花单独顶生或2～3朵组成稀疏的聚伞花序，直径3.8～5.5厘米，通常在4.5厘米左右；花梗长5～9厘米；苞片三裂；萼片（6～）10～15（～19）片，金黄色，干时不变绿色，最外层的椭圆状卵形或倒卵形，顶端疏生三角形牙齿，间或生3个小裂片，其他的椭圆状倒卵形或倒卵形，顶端圆形，生不明显的小牙齿，长1.5～2.8厘米，宽0.7～1.6厘米；花瓣18～21个，稍长于萼片或与萼片近等长，稀比萼片稍短，狭线形，顶端渐狭，长1.8～2.2厘米，宽1.2～1.5毫米；雄蕊长0.5～1.1厘米，花药长3～4毫米；心皮20～30个。蓇葖长1～1.2厘米，宽约3毫米，具稍明显的脉网，喙长约1毫米；种子近倒卵球形，长约1.5毫米，黑色，光滑，具4～5棱角。花期6～7月，果期8～9月。（图1）

2. 短瓣金莲花

植株全体无毛。茎高60～100厘米，疏生3～4个叶。基生叶2～3个，长15～35厘米，有长柄；叶片五角形，长4.5～6.5厘米，宽8.5～12.5厘米，基部心形，三全裂，全裂片分

图1　金莲花

开，中央全裂片菱形，顶端急尖，三裂近中部或稍超过中部，边缘有小裂片及三角形小牙齿，侧全裂片斜扇形，不等二深裂近基部；叶柄长9～29厘米，基部具狭鞘。茎生叶与基生叶相似，上部的较小，变无柄。花单独顶生或2～3朵组成稀疏的聚伞花序，直径3.2～4.8厘米；苞片无柄，三裂；花梗长5.5～15厘米；萼片5～8片，黄色，干时不变绿色，外层的椭圆状卵形，其他的倒卵形、椭圆形，有时狭椭圆形，顶端圆形，生少数不明显的小齿，长1.2～2.8厘米，宽1～1.5厘米；花瓣10～22个，长度超过雄蕊，但比萼片短，线形，顶端变狭，长1.3～1.6厘米，宽约1毫米；雄蕊长达9毫米，花药长约3.5毫米；心皮20～28。蓇葖长约7毫米，喙长约1毫米。花期6～7月，果期7月。

二、资源分布概况

野生金莲花主要分布于山西、河北、内蒙古东部、辽宁和吉林西部，生于气候冷凉的山地草坡、沼泽、草甸或疏林下的杂草丛中。在山西省交城、五台、灵丘、历山等地均有金莲花的分布。

金莲花主要种植于河北省承德市围场，内蒙古锡林郭勒盟、乌盟，黑龙江；此外，在山西、辽宁和吉林、北京等地也均有种植。（图2）

图2　金莲花种植

三、生长习性

金莲花喜冷凉、湿润和阳光充足的环境，多生于海拔1800米以上的高山草甸或疏林地带。适应性较强、易栽培，适宜在砂质壤土中生长。

四、栽培技术

1. 选地与整地

（1）选地　金莲花喜凉爽湿润的气候，生长环境中光照不宜太强，生长基质一般为砂质壤土或砂性土壤，土壤微酸性或中性，忌黏土或排水不良。土层厚度30厘米以上，土壤含盐量不能高于0.2%，无重金属、农药残留、生活垃圾和有害微生物污染。

（2）整地　为了保证栽种金莲花的土壤具有良好的透气性和透水性，最好进行栽种土壤的配制，园土：河沙：腐熟有机肥的配制体积比为1：1：1，之后进行耕翻、耙平。在北方地区雨量偏少，气候干燥，一般要做低畦进行栽培，畦向成东西方向，畦面宽150厘米，步道宽20厘米，步道高于畦面20厘米。

2. 播种

（1）繁殖方法　生产上一般采用种子直播和育苗移栽的方法。种子繁殖是金莲花人工栽培最常用的繁殖方法，适合金莲花大面积栽培且方法得当，收效较好。金莲花大田育苗见图3，金莲花大棚育苗见图4，金莲花播种见图5。

（2）直播

①播种期：可选择秋播或春播，于种子采收后及时播种，春播则须将种子低温沙藏处理后播种育苗。

②种子处理：由于金莲花种子存在生理休眠现象，采种子需经低温湿沙藏或高浓度赤霉素处理，可打破休眠，种子采后阴干贮存，一般在-5～5℃下沙藏60～90天即可解除种子休眠。金莲花种子催芽见图6。

（3）育苗移栽　为保证栽植苗床有足够的墒情，栽植前要灌足底水，灌水后待苗床可进行操作时，耕翻松土后按畦向开沟，沟深20厘米，沟宽15厘米，按株行距20厘米×30厘米进行栽植。栽植时种苗根系要自然伸展，种苗下沟后从两侧向根际垄土，一边垄土一边压实根际土壤，保证根系与土壤充分接触，埋土深度比原来痕迹高1～2厘米，之后将株行

图3　金莲花大田育苗

图4　金莲花大棚育苗

图5　金莲花播种

图6　金莲花种子催芽

间土壤耙平即可。金莲花育苗基地见图7，金莲花花苗见图8。

3. 田间管理

（1）中耕与除草　雨后或灌水后应及时中耕，中耕可以减少地表水分蒸发，改善土壤的透气性和透水性，避免土壤板结，中耕的深度一般为4～6厘米，避免伤及根系及茎枝。

图7　金莲花育苗基地

图8　金莲花花苗

杂草一般出苗早，生长速度快，同时也是病虫害滋生和蔓延的场所，对金莲花生长极为不利，所以在苗木生长期应结合中耕及时清除畦内株行间的杂草。幼苗阶段杂草最易滋生，土壤也易板结，中耕除草的次数宜多；成苗阶段，枝叶生长茂密，中耕除草次数宜少，以免损伤植株。

（2）施肥、浇水与排水　土壤养分数量和释放速度有限，不能完全满足金莲花的生长发育需求，所以在金莲花生长期间必须人为地向土壤补充养分。4月底在苗木进入生长期前施入适量的氮、磷、钾复合肥，5月底至6月初苗木进入开花期前进行第2次施肥。施肥要遵循少量多次的原则，每次施肥后必须及时进行浇水，避免因施肥灼伤苗木，保证施入土壤的肥料被苗木有效吸收。金莲花根系较浅，生长期间不耐干旱，应经常浇水保持土壤湿润状态，特别是开花期不能缺水，否则会引起花朵小和落花现象（图9）。同时栽植金莲花的土壤不宜过湿，以防透气性差而烂根，雨季田间有积水时要注意排涝。

图9　金莲花浇水

（3）搭网遮阴　金莲花喜欢生长在阴湿的环境或树林下，不能忍受强烈的日光照射，金莲花在生长发育期间适宜的光照强度为全光照的40%～60%。在5月下旬至6月中旬需用黑色遮阴网进行遮阴，遮光率为60%左右，6月下旬一直到秋季末，遮光率为40%左右，秋季末撤去遮阴网。为省去搭遮阴网的麻烦，也可将金莲花种植在郁闭度为40%～60%的林下。

4. 病虫害防治

（1）地下害虫　蝼蛄、金针虫等地下害虫咬食地下根状茎，造成断苗，春季蝼蛄拱土串根比较严重，常造成大量幼苗死亡。

防治方法　可用50%二嗪磷乳油30倍液1000克与50千克炒香的麸皮拌湿，于傍晚撒于畦面诱杀。施用的有机肥一定要充分腐熟。

（2）花叶病　感病叶片上出现黄绿色与深绿色相间原花叶型症状，叶变小，整株看上去有些萎缩的样子。

防治方法　发现病株及时拔除并烧毁。喷洒杀虫剂防治传毒蚜虫。

（3）环斑病　桃蚜、豆蚜是金莲花环斑病毒的传毒介体，汁液也能传毒；种子不传毒。

防治方法　常用的杀虫剂有50%马拉硫磷乳油1000倍液。

（4）浅叶蛾　以幼虫潜蛀入植株的新梢、嫩叶内，在上下表皮的灾层内形成迂回曲折的虫道，使整个新梢、叶片不能舒展，并易脱落；严重时，可使秋梢全部枯黄。

防治方法　结合冬季修剪，剪除被害枝叶并烧毁。成虫羽化期和低龄幼虫期是防治适期，防治成虫可在傍晚进行；防治幼虫，宜在晴天午后用药。可喷施10%二氯苯醚菊酯2000～3000倍液，或2.5%溴氰菊酯2500倍液。每隔7～10天喷1次，连续喷3～4次。

（5）白斑病　病原菌先侵害嫩叶。两面皆出现白色粉状物，以后叶变黄。被害植株矮小，不茂盛，叶子凹凸不平或卷曲。

防治方法　加强栽培管理，促使植株健壮，提高抗病能力；发病初期，嫩叶、嫩芽用25%粉锈宁可湿性粉剂1000～1500倍液喷雾，也可用粉锈灵1000倍液或50%胶体硫150～200倍液喷施。

五、采收加工

1. 采收

栽培金莲花5月下旬开始开花，持续开花至6月下旬、7月初。金莲花采收标准为花瓣平直，有80%的花心散开，花色金黄。为保证金莲花药材质量，最好分期、分批采收，过早或过晚采收都会影响金莲花的产量和品质。通常在晴天露水晒干后或午后采收，将花头手工摘下置于竹篓或竹筐内带回。

2. 加工

将采回的金莲花立即倒在沙网或芦席上晾晒，保持花色金黄，花形完整。1～2天翻花1次，直至干燥即可。干燥金莲花以花色金黄、花朵完整、气味清香、无杂质者为佳。

六、药典标准

1. 药材性状

本品呈不规则团状，皱缩，直径1～2.5厘米。金黄色或棕黄色。萼片花瓣状，通常10～16片，卵圆形或倒卵形，长1.8～3厘米，宽0.9～2厘米。花瓣多数，条形，长1.4～2.5厘米，宽0.1～0.3厘米；先端渐尖，近基部有蜜槽。雄蕊多数，长0.7～1.5厘米，淡黄色。雌蕊多数，具短喙，棕黑色。花梗灰绿色。体轻，疏松。气芳香，味微苦。金莲花鲜药材见图10。

图10　金莲花鲜药材

2. 显微鉴别

本品粉末橙黄色。花萼上表面具密集乳突状，花萼下表皮细胞垂周壁波状弯曲；气孔不等式，副卫细胞4～6个。花冠的表皮细胞类长方形，有纵向的平行纹理及金黄色的内含物。有时可见单细胞非腺毛，棒状。花粉粒圆形，直径16～20微米，具3个萌发孔。

3. 检查

（1）水分　不应超过11%。

（2）总灰分　不应超过10%。

（3）酸不溶性灰分　不应超过1%。

4. 浸出物

水溶性浸出物不应低于34%，醇溶性浸出物不应低于15%，挥发性醚浸出物不应低于2%。

七、仓储运输

1. 仓储

金莲花主要含生物碱和黄酮类物质，易被氧化，易受潮，所以储藏期要注意通风，勤晾翻垛。

2. 运输

金莲花批量运输时不应与其他有毒、有害物质混装，运输工具必须清洁、干燥无异味，具有较好的通风性，保持干燥，并设有防雨、防晒、防潮措施。

八、药材规格等级

（1）一等　花朵于开花盛期，开放2～3天采收的花，总黄酮含量10.5%以上，花朵整齐，保持金莲花的金黄色，无杂质、虫蛀、霉变。

（2）二等　为花蕾膨大期含苞欲放时采收的花，总黄酮含量9.5%以上，保持金莲花现蕾膨大的本色，无杂质、虫蛀、霉变。

（3）三等　在开花初期采收，总黄酮含量为8.0%以上，无虫蛀、霉变。

九、药用食用价值

1. 临床常用

（1）治慢性扁桃体炎　金莲花一钱。开水泡，当茶常喝并含漱。如是急性，用量加倍，或再加鸭跖草等量用。

（2）治急性中耳炎、急性鼓膜炎、急性结膜炎、急性淋巴管炎　金莲花、菊花各三钱，生甘草一钱。水煎服。

（3）治刃伤、脉伤疮疡　金莲花、红花、硼砂、贡布嘎布结、硬毛棘豆各等量，制成煮散剂，水煎凉服。

（4）治咽喉肿痛　金莲花、点地梅各5克，麦冬2.5克。制成煮散剂水煎服。

2. 食疗及保健

金莲花具有清热解毒，滋阴降火等功效。长期饮用可清咽润喉，提神醒脑，清食去腻，使人精神振作，嗓音清亮。

参考文献

[1] 《山西植物志》编辑委员会．山西植物志[M]．北京：中国科学技术出版社，1992：553-556.

[2] 李桂兰，刘计权，杨文珍，等．野生金莲花引种和规范化栽培技术[J]．山西中医学院学报，2014，15（4）：32-34.

[3] 侯丽君．金莲花苗木培育技术[J]．现代农村科技，2018（8）：42.

[4] 李艳梅．金莲花质量标准规范化研究[D]．石家庄：河北师范大学，2012.

[5] 丁万隆，杨春清，张泽印，等．金莲花生产标准操作规程（SOP）[J]．现代中药研究与实践，2006（5）：12-15.